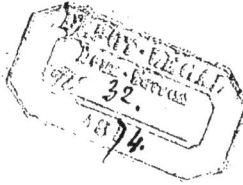

ÉCOLE PRÉPARATOIRE

DU VIGNERON & DE L'HORTICULTEUR

ÉCOLE PRÉPARATOIRE

DU VIGNERON

ET

DE L'HORTICULTEUR

EN CE QUI CONCERNE

LA CULTURE, LA MULTIPLICATION & LA TRANSPLANTATION

DE LA VIGNE

Par DEFRANOUX

Ancien Président de la Société d'Emulation du Jura.

———

A L'USAGE DES VIGNERONS, DES HORTICULTEURS, DES INSTITUTEURS
ET DES ÉCOLES NORMALES.

———

NIORT

TYPOGRAPHIE DE L. FAVRE

1872

ÉCOLE PRÉPARATOIRE

DU VIGNERON & DE L'HORTICULTEUR

AVANT-PROPOS.

Dans l'ouvrage véritablement monumental du docteur Jules Guyot et dans les publications si estimables de MM. Fleury-Lacoste et Dejernon, on peut puiser à pleines mains, si l'expression nous est permise, les données les plus capables de nous faire faire de la viticulture avancée et rémunératrice.

S'il en est ainsi, pourra-t-on dire, et, en d'autres termes, si nous avons, en la matière, les excellents livres qu'il nous faut, pourquoi en publier un autre?

C'est, répondrons-nous, pour donner un avant-goût de ces livres, par la reproduction en substance, de ce qu'ils contiennent de plus utile.

C'est pour préparer le praticien peu instruit à les comprendre, à la simple lecture.

C'est pour avoir occasion de déclarer que, dans la mise en pratique de la plupart de leurs prescriptions, nous ne nous sommes trouvé en désaccord avec eux que sur deux ou trois points de minime importance.

C'est pour ajouter à leur enseignement les données que nous avons dues à nos essais.

C'est pour mettre à la portée des plus petites bourses le résumé du code que, dans leur ensemble, ils constituent.

C'est pour être contredit là où nous devrons l'être, puisque la lumière naît du choc des opinions.

Enfin, c'est pour qu'une voix de plus s'élève en faveur des choses si importantes qui sont principalement :

La connaissance de ce qu'il y a de plus favorable à la vigne, en fait de sols, de sous-sols, d'amendements, d'engrais, de circonstances atmosphériques, de climats, d'expositions, de configuration des lieux et de disposition de la vigne.

La vigne en ligne.

La vigne de franc-pied, c'est-à-dire non provignée.

L'emploi des fins cépages.

La taille des fins cépages, longue sans l'être trop.

La taille des cépages communs, courte sans l'être trop, et faisant assez de coursons.

L'incision annulaire simple faite sur le courson.

La taille tardive sans l'être trop, et, au besoin, précédée d'une taille préparatoire hâtive.

Les tailles vertes judicieuses.

La plantation verticale, à demeure, à plat, à une profondeur non excessive, et à l'époque la plus favorable de la bouture de jeune bois.

Le sevrage de la sautelle, dès la chute de sa première feuille.

La transplantation du plant enraciné, réduit à un seul cours de sève, s'élevant le moins haut possible au-dessus du niveau du sol.

La connaissance des moyens de prévenir ou de faire cesser les maladies de la vigne.

La connaissance des animaux qu'il faut détruire comme nuisibles, ou protéger comme favorables à la vigne.

Encore un mot!

On dira de ce travail qu'il est fait de notes assez mal cousues les unes au bout des autres, et à forme gâtée par la fréquence de la répétition, mais, aussitôt après l'avoir ainsi jugé, on nous rendra la justice de reconnaître que, s'il n'est pas élégamment didactique, il est facilement compréhensible, grâce à ce qui a fait dire à Napoléon Ier, que, de toutes les figures de rhétorique, la répétition est la plus puissante.

LES SOLS ET LES SOUS-SOLS.

Les sols qui produisent le meilleur vin, sont :

Les sols qui ne sont pas trop peu profonds ;

Les sols secs sans être brûlants ;

Les sols ne retenant ni trop ni trop peu l'eau ;

Les sols à sous-sols, ne retenant ni trop ni trop peu l'eau ;

Les sols de consistance moyenne ;

Les sols légers sans être inconsistants ;

Les sols contenant assez d'humus, sans trop en contenir ;

Certains sols de sable fin ;

Les sols silico-calcaires ;

Les sols silico-argileux ;

Les sols silico-argilo-calcaires ;

Les sols argileux renfermant beaucoup de calcaire ;

Les sols contenant de la magnésie riche en acide carbonique ;

Les sols granitiques, sols qui, riches en potasse, contiennent un peu de calcaire ;

Les sols volcaniques ;

Les sols ferrugineux, sans l'être trop ;

Les sols de schiste bitumineux ;

Les sols où abondent les silex, et surtout les silex de la craie ;

Les sols où abondent les pierrailles, et surtout les pierrailles rouges ;

Certains sols à sous-sol d'argile blanche non imperméable ;

Certains sols à sous-sol d'argile rouge non imperméable ;

Les sols à sous-sol de roche perpendiculairement fendillée ;

Les sols à sous-sol de roche friable ;

Les sols ou prospèrent le figuier et l'amandier ;

Les sols où viennent de prospérer une luzerne ou un sainfoin ;

Les sols convexes, en ce qu'ils perdent aisément leur trop d'eau ;

Les bons sols qui ne sont pas en pente trop raide ;

Les sols situés entre la partie inférieure et la partie supérieure d'un coteau ;

Les sols rendus salubres par la libre circulation de l'air, et, en d'autres termes, non encaissés ;

Les sols en plaine, très perméables ;

Dans nos contrées les plus méridionales, les sols exposés à l'est ou au sud, et assez souvent les sols exposés à l'ouest ou au nord ;

Dans la partie la moins méridionale de la France, les sols exposés au sud ou à l'est, et parfois les sols exposés à l'ouest ou au nord, sur le flanc d'un mont peu élevé ;

Les sols presque uniquement composés de calcaire produisent, mais peu abondamment, des vins de haute qualité ;

Les sols de nos contrées les plus méridionales sont ceux qui produisent les vins les plus riches en alcool.

LES AMENDEMENTS.

Amender le sol est le corriger et le stimuler.

On amende le sol à vigne :

En le couvrant, surtout quand il est en pente, d'une terre qui, si elle est humifère, lui tient, jusqu'à un certain point, lieu d'engrais.

En le marnant, s'il n'est pas assez calcaire.

En le chaulant, s'il n'est pas assez calcaire.

En le plâtrant un peu, s'il n'est pas assez calcaire.

En lui adjoignant du schiste bitumineux.

En lui adjoignant une terre ferrugineuse, s'il n'est pas assez ferrugineux.

En lui adjoignant une terre compacte, s'il est léger.

En lui adjoignant une terre légère, s'il est compacte.

En le débarrassant de ses plus gros cailloux, s'il est trop cailouteux.

En le déplaçant, si sa couche arable n'a pas assez d'épaisseur, ou si elle est trop tenace.

En le drainant, s'il est humide.

En l'entourant, s'il est humide, de fossés à la fois larges et profonds.

En y pratiquant des rigoles d'écoulement de l'eau de pluie.

En y formant des billons, s'il est trop humide, ou si sa couche arable n'a pas assez d'épaisseur.

En le clôturant, au moyen d'un mur, en ce que le mur concentre la chaleur dans l'enclos.

En le protégeant contre un vent violent ou desséchant, au moyen d'un rideau d'arbres, ou d'une levée de terre.

En le divisant et en l'aérant par des binages opportuns.

En l'irriguant de temps en temps, et avec mesure, pendant une sécheresse prolongée.

LES ENGRAIS.

A la rigueur, le terrage suffit à la vigne, mais fumer vient en aide au terrage, et surtout au terrage avec terre peu humifère.

Le fumier a l'avantage de renfermer de l'azote et des sels alcalins.

Or, l'azote fait surtout du bois, et, descendant jusqu'à l'extrémité des racines, les sels alcalins font surtout du fruit.

Un fumier désagréablement odorant donne au vin une mauvaise saveur.

Trop de fumier très azoté fait trop de bois et trop peu de raisin.

Trop de fumier très azoté provoque la coulure.

Trop de fumier très azoté retarde, surtout en année humide, la maturation du fruit.

Trop de fumier très azoté affaiblit la force alcoolique du vin.

Trop de fumier très azoté rend le vin plat.

Au sol compacte, un fumier très pailleux, en ce que celui-ci le divise et l'aère.

Au sol léger, un engrais consommé, en ce que l'engrais très pailleux, en l'aérant à l'excès, expose le cep à la gelée.

A la vigne, le fumier si durable, qui est constitué par des chiffons de laine.

La raison en est que, se décomposant très lentement, il ne procure pas trop d'azote au cep.

A la vigne, un fumier mélangé, selon les besoins du sol, de matières minérales fertilisantes, et surtout de sels alcalins.

A la vigne, un compost qui, bien consommé, ne soit pas désagréablement odorant.

A la vigne qui croît dans un sol non calcaire, la cendre vive ou lessivée de bois.

A la vigne qui croît dans un sol contenant assez de calcaire, n'en contenant pas assez, ou n'en contenant point, la cendre de tourbe, de pyrites sulfureuses ou de houille.

A la vigne, le produit de l'incinération de tout ce qui vient d'elle.

A la vigne qui croît dans un sol sec, les tourteaux oléagineux, qui procurent de la fraîcheur à la terre et qui font périr maints insectes nuisibles.

A la vigne qui croît dans un sol sec, l'engrais végétal enterré.

La raison en est qu'il lui convient par sa fraîcheur et par la promptitude avec laquelle il devient assimilable à tout végétal.

A la vigne qui croît dans un sol sec, l'engrais vert en couverture.

A la vigne qui croît dans un sol sec, le fumier en couverture.

Grâce à la fumure en couverture, la vigne résiste, dans un sol très peu profond, à la chaleur, et son fruit n'est atteint ni de brûlure, ni de coulure.

C'est surtout en mai que la fumure en couverture est favorable à la vigne.

A la vigne, des ramilles broyées de pins, d'arbres résineux ou de genêts.

A la vigne, ses sarments, divisés en tronçons bien broyés.

A la vigne, ses feuilles enterrées avant d'avoir perdu leur parenchyme.

A la vigne, les marcs de raisin, la lie de vin et le vin gâté non devenu vinaigre.

Plus on terre, moins il est besoin de fumer.

Fumer pour six ou pour neuf ans est trop fumer pour le commencement, et ne pas assez fumer pour les années d'au-delà du milieu de la période.

Ne fumons pas pour plus de trois ans.

Le mieux est d'ajouter, chaque année, au terrage un léger fumage.

La vigne doit être fumée de telle manière que, de leur origine à leur extrémité, ses racines non pivotantes reçoivent les sucs de l'engrais.

Selon plusieurs auteurs, en cela contredits par d'autres auteurs, la meilleure manière d'employer le fumier est de fumer en rigoles profondes dans les vignes en ligne.

Ne fumer qu'au pied du cep suscite des drageons et ne profite qu'à l'origine des racines traçantes.

Ne fumons un cep que selon son besoin.

Fumons plus pour taille généreuse que pour taille restreinte.

La raison en est que la vigne a d'autant plus besoin de nourriture qu'elle a beaucoup d'arborescence.

Fumons plus pour la vigne en foule que pour la vigne à ceps très espacés.

La raison en est que, dans les vignes de l'espèce, les racines des ceps s'affament les unes les autres.

Fumons plus pour la vigne provignée que pour la vigne de franc-pied.

La raison en est que la vigne provignée est une vigne qui, souffrante, a, plus que la vigne de franc-pied, besoin d'un régime tonique.

Fumons plus pour la vigne sans échalas que pour la vigne échalassée.

La raison en est que, affaiblie par le grand nombre de grappes qu'on la force à porter et par la taille courte, elle a plus besoin que la vigne échalassée de vivre dans un bon sol.

Ne craignons pas de pourvoir d'une fumure désagréablement odorante le sol où croît une jeune vigne qui ne doit pas fructifier avant deux ans ou avant un an.

La vigne simplement terrée produit un fruit plus sucré que celui qu'on doit à la vigne fumée.

La vigne fumée produit plus de fruit que ne le fait la vigne simplement terrée.

DONNÉES CLIMATÉRIQUES ET ATMOSPHÉRIQUES.

Le climat préféré de la vigne est le climat tempéré.

Or, le climat tempéré est à la fois doux et chaud.

Le climat tempéré est celui sous lequel on récolte les vins les plus délicats.

Plus le climat est frais sans être froid, plus il donne de finesse au vin.

Ce n'est pas dans les contrées où, pendant presque toute la saison de végétation, la chaleur est extrême, qu'on obtient les vins les plus délicats.

Le climat chaud est celui qui, donnant · plus de sucre au raisin, suscite le meilleur vin-liqueur.

Sous un climat tempéré, les saisons de végétation qui sont sèches sont les plus favorables au fait de la vigne.

L'année sèche fait un bois court, mais parfaitement disposé, tant il est mûr, pour une abondante fructification ultérieure.

La chaleur est ce qu'il y a de plus nécessaire à la fleur de la vigne.

Un temps chaud, un soleil brillant et la brise, voilà ce qui assure le mieux la fécondation de la fleur de la vigne.

La floraison de la vigne a lieu, selon le degré de chaleur du climat, de fin de mai au dix juin, ou du dix au vingt-cinq juin.

Dans les années de végétation extrêmement active, l'avortement de la fleur et celui du fruit de la vigne sont à craindre.

La raison en est que la production du bois peut avoir lieu au détriment de celle du fruit.

Quelle que soit la température de la saison de végétation, les grappes les plus grosses sont d'ordinaire les plus rapprochées de la base de la pousse.

La rosée atténue, dans la vigne, les effets désastreux des sécheresses prolongées.

La vigne résiste d'ordinaire, même dans un sol peu profond, aux sécheresses les plus prolongées.

La raison en est, d'abord, que le sol, si brûlant qu'il soit, aspire une partie de la vapeur d'eau qui est toujours dans l'atmosphère ; puis que, grâce au grand nombre et à la largeur de ses feuilles, ses racines reçoivent beaucoup de sève descendante.

Souvent un vent violent du nord dessèche à l'excès le sol à vigne rendu trop humide par le voisinage de la mer.

Après une sécheresse, un orage sans tempête et sans grêle fait le plus grand bien à la vigne.

La grêle détruit ou meurtrit pousses et grappes, et détermine ainsi, dans la végétation, une très-fâcheuse perturbation.

Mêlée de beaucoup de pluie, la grêle fait peu de mal à la vigne.

Abritons contre la grêle nos vignes à précieux cépages.

Un coup de soleil après la pluie risque de griller la feuille de la vigne et surtout de la vigne de première année.

Un froid subit, en produisant un arrêt de sève, empêche le raisin de grossir, et vient ainsi nous rappeler que la taille hâtive suivie de fortes gelées est très-nuisible au fruit qui était en train de se perfectionner dans l'œil.

Les brouillards persistants détruisent la fleur de la vigne.

Les exhalaisons salées de la mer sont défavorables au fruit de la vigne.

Un mois de février ou de mars trop froid annule le fruit dans les yeux de la vigne, et surtout de la vigne taillée court.

Un mois d'avril ou un mois de mai trop froid ralentit considérablement, dans la vigne, le mouvement de la sève.

La raison en est que le froid ôte aux racines beaucoup de leur faculté d'aspiration de l'eau de végétation du sol, et aux feuilles beaucoup de leur faculté d'absorption des gaz de l'atmosphère.

Les pluies prolongées et froides de juin ôtent son pollen à la fleur de la vigne, et, dès lors, la stérilisent.

Un été pluvieux et froid nuit beaucoup au fruit de la vigne et surtout de la vigne qui croît dans un sol argileux.

Une sécheresse excessive et prolongée inflige à la vigne un fâcheux arrêt de sève.

La raison en est que les racines ne trouvant plus assez d'eau de végétation dans le sol, et que ne recevant plus d'elles assez de sève, les feuilles perdent beaucoup de leur faculté d'absorption des gaz de l'atmosphère.

C'est le cep vieux qui, en hiver, résiste le mieux à de fortes gelées.

La raison principale en est, croyons-nous, qu'il est celui qui contient le moins de moelle, et qui a les canaux séveux les plus étroits.

D'ordinaire, c'est l'œil né sur une branche dont les sarments n'ont pas encore été soumis à la taille qui résiste le mieux à la gelée de printemps.

Le cep qui craint le moins la gelée de printemps est celui qui, adossé à un mur exposé au sud, est abrité par un toit.

De même qu'à la grêle, opposons à la gelée de printemps, dans l'intérêt de nos plus précieux cépages, des paillassons ou des toiles dont l'effet sera, si les yeux de la vigne n'ont pas encore débourré, de les empêcher d'émettre trop tôt une pousse.

Le cep qui craint le moins la gelée de printemps est celui qui n'a pas encore été lié, en ce qu'en l'agitant, l'air l'empêche de trop se refroidir.

Le cep qui craint le moins la gelée de printemps est celui qui n'a pas encore été taillé.

Le cep qui craint le moins la gelée de printemps est celui dont le sol n'a pas été biné aussitôt après la taille sèche hâtive.

Le cep qui craint le moins la gelée de printemps est celui à côté duquel on ne cultive point de légumes, et surtout de légumes s'élevant très-haut.

Le cep qui craint le moins la gelée de printemps est celui que n'avoisine ni un marais, ni un sol irrigué, ni un sol boisé.

Le cep qui craint le moins la gelée de printemps est celui qu'avoisine une mer, un lac ou un cours d'eau traversant un terrain salubre.

Le cep qui craint le plus la gelée de printemps est celui qui croît sous un arbre, et la raison en est que la partie herbacée de l'arbre attire et fait tomber sur la partie herbacée du cep la vapeur d'eau de l'atmosphère.

Après les paillassons et les toiles, le meilleur moyen de prévenir les désastreux effets de la gelée de printemps consiste dans l'enfumage.

Or, on enfume avec succès, en brûlant dans des lampions des résidus de distillation du goudron, résidus qui dégagent une fumée noire très-épaisse, et en disposant ces lampions à vingt mètres les uns des autres.

C'est de fin d'avril à la mi-mai que la gelée de printemps est le plus à craindre pour la vigne.

De la mi-mai à la mi-juin, les gels et les faux gels sont à craindre pour la vigne.

La gelée d'octobre ne fait aucun mal au raisin mûr, mais dessèche celui qui ne l'est pas.

Le fruit du cep hâtif est le plus exposé à être gelé.

Au commencement d'octobre, une forte gelée empêche les pousses de continuer de s'aoûter.

Plus le sarment a de moelle, plus ses grappes sont exposées à être gelées.

Après une gelée, une pousse non couverte de givre est une pousse sauvée.

On sauve une pousse couverte de givre, en l'arrosant avant le moment du lever du soleil.

Bien que gelés, certains cépages se remettent à produire du fruit.

Rarement, en France, le froid de l'hiver est assez intense pour détruire soit la partie aérienne, soit la partie souterraine de la vigne.

La neige est, pour les racines de la vigne, un abri contre la gelée.

Dans plusieurs de nos pays montagneux, on couche la vigne, à l'approche de l'hiver, et on la couvre de terre.

Nous avons essayé de ce couchage, pour voir si, comme plusieurs auteurs le prétendent, il suscite une fructification très-abondante ; mais, à cet endroit, nous n'avons rien eu de positif à constater.

L'EXPOSITION ET LE LIEU LES PLUS FAVORABLES OU LES PLUS DÉFAVORABLES A LA VIGNE.

Mieux le sol est exposé, mieux l'est la vigne.

L'exposition au sud est celle qui suscite le raisin le plus sucré. Par suite, elle est celle qui procure au vin le plus de force alcoolique.

Après l'exposition au sud, vient l'exposition à l'est.

Après l'exposition à l'est, vient l'exposition à l'ouest.

Après l'exposition à l'ouest, vient l'exposition au nord.

L'exposition à l'est provoque la perte à peu près immédiate de la rosée, et fait flétrir, par le soleil trop tôt venu, **les** pousses qui viennent d'être gelées.

L'exposition à l'ouest est assez longue à provoquer la perte de la rosée.

L'exposition au nord est la plus longue à provoquer la perte de la rosée.

Même sous nos climats tempérés, on peut lui devoir, sur le flanc d'un mont peu élevé, des vins de haute qualité.

Elle est celle qui empêche le plus le cep d'entrer trop tôt en végétation.

Elle est celle qui donne au bois le plus de développement.

Par malheur, elle est l'exposition la moins favorable, surtout en année froide, à l'aoûtage des pousses.

Plus, dans les contrées non méridionales, la vigne reçoit de soleil, plus tôt elle mûrit son fruit et plus généreux est le vin qu'on lui doit.

Un lieu chaud, sans l'être trop, est nécessaire à la vigne.

L'air n'est pas moins nécessaire à la vigne que la chaleur.

En effet, partout où il n'y a pas assez d'air, il y a trop d'humidité, et, dès lors, la vigne est exposée à la gelée et à la coulure.

Tout lieu encaissé est un lieu où la vigne n'a pas assez d'air.

Tout lieu encaissé constitue un appel au brouillard, et, par suite, à la gelée.

Le lieu concave est un diminutif du lieu encaissé.

Bien que, dans la plaine, il y ait plus d'air que dans le lieu encaissé ou concave, il n'y en a pas assez.

Aussi, les fortes gelées, qui épargnent souvent les lieux qui dominent la plaine de quelques mètres, sévissent-elles sur les produits de celle-ci.

En ce qu'il est suffisamment aéré, un lieu convexe convient beaucoup à la vigne.

Le sommet et les environs du sommet d'un mont élevé ne conviennent pas à la vigne.

A une altitude excessive, la vigne est infertile ou ne mûrit pas son fruit.

Le coteau en pente raide est trop exposé à être raviné par l'eau de pluie, mais est, sur la maturation du fruit de la vigne, jusqu'à un certain point, du même effet que le mur.

Près des côtes de l'Océan, les vignes à vins rouges ne peuvent pas produire des vins aussi fins que celui qu'on doit aux vignes à vin blanc.

LES PRINCIPALES MANIÈRES DE DISPOSER LA VIGNE.

La vigne mûrit mal son fruit, si, pendant toute la saison de végétation, elle ne reçoit pas une très forte somme de chaleur, que la science a déterminée.

En conséquence, disposons le vignoble de telle manière que toutes ses parties soient aussi longtemps et aussi également que possible, frappées par les rayons du soleil.

Un appui, en ce qu'il favorise sa tendance à monter, et en ce qu'il l'empêche d'être trop agitée par le vent, ajoute singulièrement à la fertilité de la vigne.

Tant que, pour résister avec succès à la gelée, la vigne a besoin d'être agitée par le vent, ne lui rendons pas l'échalas.

Pour prolonger la durée de l'échalas, plongeons-le dans un bain de sulfate de cuivre, ou carbonisons-en la partie à enfoncer en terre.

C'est la vigne sur souche qui donne le vin de haute qualité.

A la vigne basse, dit Olivier de Serres, que de nos jours nul ne songe à contredire, l'honneur de marcher la première.

En effet, la vigne basse est celle qui mûrit le plus tôt son fruit, et qui le mûrit le mieux.

Pour échapper aux atteintes de la gelée, la vigne basse a besoin de croître sur un sol sec.

C'est dans nos contrées les moins méridionales, qu'il est le plus nécessaire à la vigne d'avoir son raisin si près de terre, que la chaleur réfléchie par le sol se joigne à celle qui lui vient directement du soleil.

Aux sols frais les vignes de hauteur moyenne.

La raison en est que, leur tête étant située plus haut que celle des vignes basses, leur raisin est moins exposé aux atteintes de la gelée.

En ce que leur raisin n'est pas assez près de terre, les vignes de hauteur moyenne ne produisent, sous nos climats tempérés, des vins de la plus haute qualité qu'en année exceptionnellement chaude.

Les hautains sont des ceps dont les pampres courent sur les arbres.

Leur fruit ne peut suffisamment mûrir que dans nos contrées les plus méridionales, et donne un mauvais vin.

La raison en est qu'il est trop ombragé, et que la chaleur réfléchie par la terre ne peut parvenir jusqu'à lui.

Le docteur Jules Guyot donne au cep à soumettre à la taille longue, une longue branche à fruit qu'il dispose horizontalement, et une branche de remplacement qu'il taille court, et qui est située plus bas que la branche à fruit.

La taille dont il s'agit exige, pour un hectare, l'emploi de dix mille forts échalas destinés à servir de tuteurs à la branche de remplacement.

Elle exige, en outre, l'emploi de dix mille petits échalas destinés à maintenir la branche à fruit à quelques centimètres au-dessus du niveau du sol.

On peut substituer aux petits échalas du fil de fer galvanisé.

Faute de petits échalas ou fil de fer galvanisé, on peut courber en arc de cercle la branche à fruit, et en piquer en terre l'extrémité.

Cette taille longue ne convient qu'aux fins cépages.

Elle fait merveille dans les sols qui ne sont ni trop pauvres, ni trop peu profonds, et la raison en est que la vigne à laquelle on fait porter beaucoup de fruits, est celle qui a le plus besoin d'être bien nourrie.

Elle fait merveille, soit dans les sols qui ne sont pas trop frais, soit sous les climats qui ne sont pas trop froids, et la raison en est que, dans les sols frais et sous les climats froids, la vigne ne mûrit pas assez tôt une fructification abondante.

Elle fait aussi merveille, là où la vigne de hauteur moyenne a ses branches à fruits disposées en forme d'ellipses, appelées courbes ou plous.

Dans nos contrées méridionales, une vigne aussi fertile qu'elle est belle, est la vigne en quenouille.

En grand honneur dans la Moselle, la forme en cuveau fait récolter jusqu'à cent cinquante hectolitres de vin par hectare.

La vigne en kammerbau ne peut prospérer que dans un sol fertile, profond et parfaitement exposé, et la raison en est qu'elle a une arborescence très considérable.

En ce que l'air ne circule pas aisément dans sa charpente, elle est encore, plus que la vigne de hauteur moyenne, exposée aux atteintes de l'oïdium.

La vigne en gobelet n'est attachée à un échalas que pendant ses premières années.

Dès qu'on lui a ôté cet échalas, elle est trop agitée par le vent.

Nécessairement taillée court, elle ne prospère pas longtemps dans un sol maigre et très-peu profond.

Nécessairement pincée avec sévérité, elle ne fournit point de sarments pour boutures, ne mûrit pas assez tôt son abondante fructification, et ne fructifie pas abondamment pendant assez de temps.

Au reste, on ne peut employer à la former que des cépages ayant besoin d'être soumis à la taille courte, et dès lors, la préférer à la vigne échalassée, équivaut presque à vouloir la suppression des fins cépages.

Le fruit de la vigne dont on laisse les pousses traîner sur le sol non-seulement se terre, mais encore est entamé ou sali par les mollusques.

La vigne en ligne, vigne dont nous parlerons plus loin, est la meilleure.

La pire des vignes, est la vigne en foule, vigne dont nous parlerons plus loin.

Le palissage, et surtout le palissage en ligne, est ce qui permet le plus au viticulteur de disposer la vigne de manière à lui faire produire, s'il sait comment agit la sève, assez de bois en même temps qu'assez de fruit.

La vigne palissée en éventail mûrit de bonne heure son fruit.

La vigne dont le raisin mûrit le plus tôt et le mieux, est celle qui est palissée contre un mur ou contre un paroi de rocher.

Pour vivre très-longtemps, et pour offrir longtemps une production soutenue de fruit, la vigne en treille haute a besoin d'être de franc-pied, de ne pas être taillée à l'épaisseur d'un écu, et de pouvoir étendre loin devant elle ses racines dans un sol fertile et profond.

La vigne en treille haute, qui ne peut être uniquement composée de francs-pieds, doit être provignée par dressement en sautelle, non d'un bras, qui rend hideuse sa partie inférieure, sans compter qu'il risque de ne pouvoir s'enraciner assez, mais d'un très-long sarment ressortant de terre avec au moins dix yeux.

La raison en est que ces dix yeux fourniront autant de bras

dont les cinq ou six qui seront conservés par la taille sèche suivante feront constituer à la sautelle sevrée, dès la chute de sa deuxième feuille, un franc-pied si haut et si vigoureux que, dès sa quatrième feuille, il fructifiera avec une abondance extrême.

À la vigne en treille haute ou basse on peut donner utilement des branches à fruits disposées horizontalement ou arrangées en courbe.

La vigne en treille basse produit des vins beaucoup plus fins que ceux qu'on doit à la vigne en treille haute.

N'employons que des fins cépages à la formation de la vigne en cordon élevé.

N'employons que des cépages communs à la formation de la vigne en cordon très-peu élevé.

La raison en est que la taille courte, sans l'être trop, est la seule qui convienne au cépage commun.

La taille longue des fins cépages assure à ce point une production de fruit abondante et soutenue, et prolonge à ce point la vie du cep, surtout s'il est de franc-pied, que nous croyons devoir y revenir, avant de terminer.

La vigne à taille longue horizontalement palissée possède au moins une branche de remplacement qui, pourvue d'au moins deux bons yeux, reçoit une direction verticale.

Elle possède également au moins une branche à fruit qui, formée par un sarment horizontalement maintenu un peu au-dessus du niveau du sol, est supprimée après la récolte et remplacée, au printemps, par une des pousses de la branche de remplacement.

La branche à fruit horizontalement abaissée reçoit beaucoup plus de sève que si elle était inclinée au-dessous de la ligne horizontale.

Dès lors, préférons une branche à fruit inclinée à un centimètre au-dessus de la ligne horizontale, à une branche à fruit inclinée à un centimètre au-dessous de la ligne horizontale.

Dès lors aussi, et à plus forte raison, n'usons pas de la branche à fruit hoïbrenck, si inclinée au-dessous de la ligne horizontale.

Quand la vigne à branche à fruit horizontale est située sur une pente, dirigeons du côté du haut de la pente la branche à fruit.

Abaissons sans torsion la branche à fruit à disposer horizontalement.

La raison en est que la courber, au lieu de la tordre, est ne pas causer dans ses canaux séveux des solutions de continuité susceptibles de s'opposer à une assez libre circulation de la sève.

À la vigne que nous pourvoyons de deux branches à fruit horizontalement disposées, ce qui ne doit avoir lieu que là où le sol est assez fertile et assez profond, donnons deux branches de remplacement, mais, dans ce cas, ne faisons pas des branches à fruit trop longues.

Si, pour les fins cépages, nous ne voulons ni de la branche à fruit horizontalemt disposée, ni de la branche à fruit qui, appelée versadi, dans nos contrées méridionales, a son extrémité fichée en terre, recourons à la branche à fruit appelée courbe.

L'extrémité de la courbe doit regarder le sol.

Comme la branche à fruit horizontalement disposée et comme

le versadi, la courbe force la sève à circuler avec une lenteur qui lui permet de déposer son suc dans tous les yeux, et qui, dès lors, profite singulièrement au fruit.

Quand, en fin d'avril ou au commencement de mai, il gèle, la branche à fruit très longue n'a pas encore de pousses à sa partie inférieure, et, dès lors, ne perd pas tous ses fruits.

Celui qui de presque tout sarment ferait une branche à fruit disposée horizontalement, un versadi ou une courbe ne verrait pas sa vigne produire longtemps des récoltes extra-abondantes.

De tout ce qui précède, il résulte que la manière de disposer la vigne est principalement déterminée:

Par la nature du cépage.
Par la nature du climat.
Par la nature de l'exposition.
Par la nature du lieu.
Par la nature du sol.
Par la sorte d'appui qu'on destine à la vigne.
Par l'espèce et par la quantité de vin qu'on a en vue de récolter.
Par la mesure dans laquelle on peut entretenir la fécondité du sol.
Par le nombre de bras dont on peut disposer.
Et surtout par ce que vaut le viticulteur.

LÁ VIGNE EN LIGNE ET LA VIGNE EN FOULE.

C'est selon le climat, l'exposition, le lieu, le sol et la forme à donner à la vigne que les ceps doivent être espacés.

On peut moins espacer les ceps sous un climat favorable, que sous un climat défavorable, et la raison en est, que le climat favorable vient en grande aide au sol.

On peut moins espacer les ceps dans un lieu exposé au sud ou à l'est, que dans un lieu exposé à l'ouest ou au nord, en ce que l'exposition favorable vient en grande aide au sol, et en ce que les expositions à l'ouest et au nord sont celles où la vigne fait le plus de racines, et, par suite, le plus de bois.

On peut plus espacer les ceps dans un sol encaissé ou concave, qu'en plaine ou sur le coteau, en ce que, sur le lieu encaissé ou concave, il n'y a pas assez d'air.

On peut plus espacer les ceps dans les plaines abritées contre le vent par des montagnes, que dans les plaines non abritées contre le vent, et la raison en est, qu'il n'y a pas assez d'air sur les premières.

On peut moins espacer les ceps dans un sol profond et fertile, que dans un sol peu profond et peu fertile, là où la vigne est tenue bas.

On peut moins espacer les ceps dans un sol souvent balayé par des vents violents, que dans le sol où il en est autrement, et la raison en est que, dans le premier, des ceps peu espacés résistent mieux aux efforts du vent, que des ceps très-espacés.

Plus on destine d'ampleur et de hauteur à la vigne, plus les ceps doivent être espacés.

Tel cépage vivant de peu, et tel autre cépage étant un gros

2

mangeur, il faut plus espacer les ceps gros mangeurs, que les ceps petits mangeurs.

Tel cépage produisant beaucoup de feuilles, et tel autre cépage n'en produisant pas beaucoup, il faut plus espacer les ceps à feuilles nombreuses, que les ceps à feuilles rares.

Des ceps à beaucoup espacer, sont ceux des vignes destinées à être cultivées à la charrue, pour que celle-ci n'endommage point la partie des racines la plus rapprochée de la souche.

L'espacement des ceps doit, nous le répétons, être en rapport avec le degré d'aération qui leur est nécessaire.

Or, l'air manque dans la vigne en foule où les ceps ne sont distants les uns des autres que de trente à quarante centimètres, et non plantés en ligne, et, de là, pour elle, risque d'être atteinte de l'oïdium.

Dans la vigne en foule, il faut infiniment plus d'échalas que dans la vigne en ligne.

Dans la vigne en foule, le terrage, le fumage, le labour à la bêche, le binage, la taille sèche, les tailles vertes et la surveillance des travaux sont très-difficiles.

Dans la vigne en foule, le soleil a tant de peine à pénétrer latéralement, que les ceps de l'intérieur sont considérablement primés, sous le rapport de la vigueur et de la fertilité, par ceux qui bordent la pièce.

Dans la vigne en foule, les racines entrecroisées des ceps s'affament les unes les autres.

Dans la vigne en foule, on ne peut remplir un vide que par voie de provignage, en ce que la bouture y manque d'air et de soleil.

La gelée, disent les viticulteurs de nos contrées non méridionales, sévit moins dans la vigne en foule que dans la vigne en ligne.

Priés d'en produire la preuve, ils prétendent que, serrés, les ceps se protégent mutuellement.

Eh bien, répondrons-nous, ils nous semblent se tromper.

En effet, quand les pousses de la vigne ne mesurent pas plus de cinq centimètres, ces pousses ne peuvent pas plus que celles de la vigne très-espacée, échapper aux atteintes de la gelée, qui ne sévit jamais latéralement, car c'est perpendiculairement que descend du ciel la vapeur d'eau qui la constitue.

En effet aussi, quand les pousses de la vigne en foule mesurent beaucoup plus de cinq centimètres, leur ensemble constitue une masse herbacée qui, plus froide que la pierre ou que la terre, attire d'autant plus la vapeur d'eau de l'atmosphère, qu'elle est considérable.

En conséquence, la vigne en foule n'a, sur la vigne en ligne, que deux avantages, qui sont d'être moins agitée par le vent, et d'avoir des ceps qui, à cause de leur faiblesse, mûrissent un peu plus tôt leur fruit.

Il y a, pourra-t-on dire, des sols si maigres et si peu profonds, qu'ils ne peuvent nourrir que des ceps qui, tout petits, peuvent être plantés non loin les uns des autres.

C'est vrai, mais encore vaut-il mieux placer ces ceps en ligne, et les placer à plus de quarante centimètres les uns des autres.

Au système aérien et au système souterrain de la vigne, il faut

en règle générale, pour bien se développer, dit le docteur Jules Guyot, au moins un mètre carré.

Dans la vigne en ligne, ajoute ce savant, cet espacement fait obtenir de dix mille ceps autant de vin qu'on en doit à quarante mille ceps, dans la vigne en foule.

Certains modes d'établissement de la vigne, que le cadre restreint de ce travail ne nous permet pas de décrire, et certains modes de labour exigent entre les ceps un espacement qui peut aller jusqu'à deux mètres et demi.

Un hectare de vigne planté en quinconce, renferme plus de ceps que pareille superficie plantée en carré.

Puissions-nous, dirons-nous, en terminant, avoir assez prouvé la supériorité de la vigne en ligne sur la vigne en foule, car la disposition des ceps en ligne oblige en quelque sorte le viticulteur aux soins les plus judicieux, et, par suite, les plus rémunérateurs !

LA VIGNE PROVIGNÉE.

Nous dirons peu de chose de la vigne provignée, en ce que nous en avons amplement traité dans notre travail sur la multiplication et la transplantation de la vigne.

La vigne soumise au provignage perpétuel est presque toujours la vigne en foule.

Elle est celle qui exige le plus de main-d'œuvre, qui reste le moins longtemps fertile, qui vit le moins longtemps, qui épuise le plus le sol, qui permet le moins l'emploi des fins cépages, et dont, en ce que les jeunes provins y abondent, le vin est le moins bon.

Quant à la vigne soumise au provignage provisoire, provignage ayant lieu au moyen d'une sautelle constituée par un sarment, elle est irréprochable, pourvu que, dès la chute de leur première feuille, ses provins soient convertis en francs-pieds par le sevrage.

Or, la vigne la meilleure à tous égards est la vigne de franc-pied.

LES CÉPAGES.

Si, entreprenant une culture, nous voulons soit beaucoup de vin de chaudière, soit beaucoup de vin simplement potable, soit beaucoup de bon vin, soit du vin de la plus haute qualité, faisons un choix judicieux de cépages.

En effet, dit un vieux proverbe qui n'est pas menteur, le cépage fait le vin.

Il le fait entièrement dans le sol, à l'exposition et sous le climat qu'il aime le mieux, et il le fait en grande partie, même dans le sol, à l'exposition et sous le climat qui ne lui conviennent pas assez.

Ainsi, dans un sol argileux, maigre et exposé à l'ouest ou au nord, les produits du Liverdun seront toujours considérablement primés, sous le rapport de la qualité, par ceux de la meilleure espèce de pineau.

Là où il ne trouve pas tous les éléments de production d'un excellent vin qui lui sont nécessaires, le fin cépage finit, pourra-t-on dire, par produire un vin de moins en moins bon.

C'est possible, mais ses produits, en le supposant constitué par la meilleure espèce de pineau, resteront supérieurs, s'ils mûrissent, à ceux du Liverdun.

En général, les cépages communs sont ceux qui prospèrent le moins dans les sols maigres et peu profonds.

La raison en est que, généralement, ils sont de gros mangeurs, et que, privés par une taille ici sévère, et là cruelle, de la plupart de leurs yeux, ils ont besoin pour ne pas devenir trop faibles, de vivre dans un sol pourvu d'assez d'éléments de nutrition.

Les cépages communs sont ceux qu'on voit le plus rarement produire des vins agréables et durables.

La raison en est, croyons-nous, que leurs racines et leurs feuilles ne sont pas organisées de manière, les premières à aspirer dans le sol, et les secondes à élaborer, au moyen des gaz de l'atmosphère, des éléments assez délicats de nutrition du fruit.

Au reste, dit, nous ne savons plus quel auteur, les canaux séveux sont, dans les cépages fins, minces et déliés, et, dès lors, la sève, en y circulant, se perfectionne singulièrement.

Certains cépages communs donnent des vins qui ne conviennent que pour la distillation.

Les cépages communs ont beaucoup plus de moelle que les cépages fins, ce qui peut être une des causes de la supériorité des produits des premiers sur les produits des seconds.

Les cépages communs vivent généralement moins longtemps que les cépages fins, et la raison nous en semble être d'abord que leur bois contient beaucoup moins de moelle, puisque, soumis à une taille très courte ou à très-peu de coursons, ils ont moins d'arborescence que les cépages fins, cépages qui doivent surtout à la taille longue de vivre très longtemps.

Aux pays où les variations de température sont brusques, les cépages communs, en ce que ces variations nuisent beaucoup à la qualité des produits des cépages fins.

Aux sols défavorables à la production des vins fins, les cépages communs.

Là où les cépages communs languissent ou meurent, dit le docteur Jules Guyot, les fins cépages, et, par exemple, le pineau, qui se contente de peu, sont vigoureux et fertiles.

C'est aux fins cépages qu'on doit les vins de garde et de haute qualité.

C'est loin, et souvent très-loin de l'origine de leurs sarments, que les fins cépages ont leur fruit le plus abondant, le plus gros et le plus beau.

C'est un fait qui indique la nécessité de les tailler long, et de répondre ainsi victorieusement à l'ignorance qui, leur reprochant, parce qu'elle les taille court, de ne pas être assez productifs, veut leur faire substituer les cépages communs.

Il y a des cépages faibles ; il y en a de vigoureux ; il y en a de peu fertiles, et il y en a de très fertiles.

Il y a des cépages dont le fruit mûrit tôt, et il y en a dont le fruit mûrit tard.

Il y a des cépages à feuilles nombreuses, et il y a des cépages à feuilles rares.

Il y a des cépages à grosses pousses, et il y a des cépages à pousses de petit calibre.

Il y a des cépages à grappes volumineuses, et il y a des cépages à petites grappes.

Un cépage peut ici perdre, et là conservera sa faculté d'entrer de bonne heure en végétation, de mûrir de bonne heure, et de donner beaucoup de fruit.

Tel cépage qui coule ici ne coule pas ailleurs.

Certains cépages sont, de leur nature, sujets à la coulure.

Tel cépage est plus sujet à l'oïdium que tel autre cépage.

Le bois des cépages blancs est généralement plus vigoureux que celui des cépages noirs.

Où un cépage blanc donne un mauvais vin, un cépage noir peut en donner un bon.

Les cépages riches en tannin peuvent, dans la fabrication du vin, corriger les défauts de ceux qui ne contiennent pas une quantité suffisante de cette substance.

Les cépages qui produisent un vin très coloré peuvent, dans la fabrication du vin, corriger les défauts de ceux qui ne produisent pas un vin assez coloré.

Sous un excellent climat et dans un bon sol, certains cépages plantés sous forme de boutures fructifient parfois dès leur première feuille.

Certains cépages fructifient dès leur deuxième feuille.

Beaucoup de cépages fructifient dès leur troisième feuille.

Beaucoup de cépages ne fructifient que dès leur quatrième feuille.

Certains cépages ne fructifient que dès leur cinquième, dixième ou quinzième feuille.

Beaucoup de cépages se refusent à fructifier sous la taille à deux, trois ou quatre yeux.

La vigne très jeune qui fructifie pour la première fois produit d'ordinaire, quel que soit le cépage, très peu de grappes qui, en outre, sont peu volumineuses.

Ce n'est pas, disent les maîtres en viticulture, avant au moins vingt ans, qu'un cépage donne la mesure de la qualité du vin qu'il peut produire.

Dès lors, dans les vignes renouvelées, tous les neuf, douze ou quinze ans, par le provignage, on ne récolte pas un vin de qualité soit assez bonne, soit assez haute.

D'un autre côté, la très vieille vigne provignée ou non ne produit pas un vin aussi bon que par le passé.

A chaque cépage le sol, l'exposition et le climat qu'il aime le mieux.

Pour la production ordinaire des vins de grande consommation, renoncez, dit le docteur Jules Guyot, au cépage qui donne trop de sucre.

Aux sols frais les cépages vigoureux.

Aux contrées froides et aux lieux élevés les cépages qui, mûrissant tôt leur fruit, n'entrent pas trop tôt en végétation.

La raison en est que, quand ils émettent des pousses, la gelée n'est plus trop à craindre pour celles-ci.

Ne transportons pas du sud dans le nord un cépage tardif.

La raison en est que, dans le nord, ce cépage risquerait trop de ne pouvoir mûrir son fruit.

N'ayons, dans notre vigne, que des cépages à tailler long ou que des cépages à tailler court.

La raison en est que nous risquerions d'appliquer à nombre de ceps la taille qui leur convient le moins.

Gardons-nous surtout d'avoir beaucoup d'espèces de cépages dans notre vigne.

La raison en est que chaque cépage a son époque de maturité, que les racines d'un cépage peuvent nuire à celles d'un autre cépage, et qu'avec plus de deux ou de trois cépages même excellents, nous risquerions de faire un mauvais vin.

Il existe des collections qui passent pour comprendre jusqu'à quinze cents sortes de cépages dont beaucoup, s'ils étaient bien étudiés, ne formeraient pas des individualités réelles.

D'un autre côté, comme cela avait déjà lieu du temps de la viticulture latine et grecque, chaque pays donne un nom différent au même cépage.

De là, difficulté extrême de dresser, en la matière, une nomenclature irréprochable.

LES CULTURES.

Le nombre des cultures doit être surtout proportionné à la nature du climat, de l'exposition et du sol.

Une première culture, dit le docteur Jules Guyot, après la taille, une deuxième culture à la mi-mai, une troisième culture aussitôt après la fleur, une quatrième culture à la veraison, et une cinquième culture dans les avents de Noël.

Le labour à la charrue ou à la bêche, après une taille de la vigne en train de bourgeonner, constitue un appel à la gelée.

Il en est de même du labour donné au sol dont la vigne est sur le point de bourgeonner.

Labourer à l'approche ou à partir du retour du mouvement de la sève, est faire entrer la vigne en végétation plus tôt qu'elle ne l'aurait fait, si le sol avait été laissé en repos.

La raison en est que le sol qui vient d'être remué est celui que la chaleur ou un air doux pénètre le plus vite.

Le sol fouillé alors que la vigne végète avec le plus d'activité, empêche, disent les maîtres en viticulture, la vigne de demeurer assez fertile.

La vigne, à moins qu'elle n'ait été très profondément plantée, ne s'arrange nullement d'un labour profond.

Déchausser le cep est, selon nous, quelque avantage que certains praticiens prétendent en retirer, d'autant plus l'affaiblir, qu'il est destiné à rester très longtemps déchaussé.

Le viticulteur ne saurait trop veiller à ce que nulle culture ne blesse les racines, les bras et la souche de la vigne.

LA NON-TAILLE DU JEUNE CEP DE TREILLE.

En 1865, M. Sisley a planté contre un mur soixante-dix boutures qu'il n'a pas taillées, et qui, au bout de cinq ans, ont non-seulement abondamment fructifié, mais encore couvert une étendue considérable de mur.

On peut, selon nous, obtenir un résultat meilleur encore en ne laissant, la première année, qu'une pousse à la bouture, en ne rognant pas cette pousse, en ne laissant qu'une pousse à la bouture dans la deuxième année, en ne rognant pas cette pousse et en la soumettant, au commencement de la troisième année, à une taille très longue au lieu de démesurément longue, en ce que, sous cette dernière taille, le jeune cep n'aurait pas des bras inférieurs assez gros.

En effet, nous avons dû à cette manière de procéder de voir une bouture uniquement constituée par du vieux bois et plantée en avril 1868, nous fournir, en 1870, quinze, et en 1871 plus de cent grappes.

En tout état de cause, le fait si curieux qui s'est produit chez M. Sisley prouve non que la non-taille prime la taille, mais que la taille longue vient réellement de la manière la plus puissante en aide à la production du bois et du fruit.

Il prouve également que ceux-là s'abusent bien qui, désireux de voir un jeune cep couvrir plus tard en hauteur et en largeur une étendue considérable de mur, taillent chaque année, de manière à ne pas allonger les bras de plus de dix, et la flèche de plus de quinze centimètres.

LA TAILLE SÈCHE EN GÉNÉRAL.

Comme nous l'avons vu dans le chapitre précédent, plus la vigne suffisamment appuyée a d'arborescence, mieux elle se porte, mieux elle se développe, plus son axe vertical aérien, grâce à la sève descendante que lui envoie en quantité énorme une luxuriante végétation herbacée, grossit en diamètre, plus elle est fertile, plus longtemps elle fructifie abondamment, et plus longue est son existence.

Donc la forcer par la taille à ne presque pas faire de bois et de feuilles, est l'exposer à cesser tôt d'être fertile et à vieillir en peu de temps.

Cependant, abandonnée à elle-même, la vigne devient bientôt un massif de verdure où l'air et la lumière ne peuvent entrer assez abondamment pour faire mûrir de bonne heure et d'une manière uniforme les fruits qu'elle a produits.

Bien plus, elle grandit si prodigieusement, que les grappes de sa partie la moins rapprochée du sol, si elle a pour appui la carcasse d'un chêne gigantesque, ne peuvent, même dans nos contrées les plus chaudes, parvenir à maturité.

De là, nécessité absolue de la soumettre à une taille qui ne soit ni trop sévère, ni trop généreuse.

Or, par la suppression d'une infinité de petites ramifications inutiles, par la suppression du vieux bois qui laisse trop à désirer, et par la suppression du trop de longueur des sarments, la taille aère la vigne, permet aux rayons du soleil de l'échauffer partout, empêche le système radiculaire de prendre trop d'ampleur, car telle partie aérienne, telle partie souterraine, et concentrant la sève sur ses parties les plus susceptibles de bien faire, suscite la production d'un bois très mûr et d'une fructification abondante.

Grâce à la taille, on récolte, chaque année, à peu près la même quantité de fruit, les grappes sont plus grosses, le raisin mûrit plus aisément, et l'on fortifie ou affaiblit le bras qui laisse à désirer.

Grâce aussi à la taille, les façons sont plus faciles, et il faut au sol à vigne un terrage ou un fumage moins abondant.

Pour la taille, employons soit la serpette, soit le sécateur, instruments qui se complètent l'un l'autre.

La serpette opère beaucoup moins vite que le sécateur, mais fait des plaies de cicatrisation plus facile, et, ne fendillant pas l'onglet qu'elle donne à l'œil supérieur du courson, empêche cet onglet de se dessécher trop vite.

Taillons toujours en vue soit de fortifier le cep, soit de le rendre plus fertile, soit de le maintenir dans l'état satisfaisant où nous le trouvons.

Taillons selon l'ampleur, la hauteur et la forme à donner au cep.

En taillant, ayons égard à la nature du cépage, car tel cépage a besoin d'être taillé long, et tel autre cépage a besoin d'être taillé court.

Sur un sol très peu profond, taillons moins long que sur un sol profond.

Sur un sol maigre, taillons moins long que sur un sol fécond.

Sur un sol très peu profond, taillons à moins de coursons que sur un sol profond.

Sur un sol maigre, taillons à moins de coursons que sur un sol fécond.

Sous un climat défavorable, taillons moins long et à moins de coursons que sous un climat favorable.

A une mauvaise exposition, taillons moins long et à moins de coursons qu'à une bonne exposition.

Ne taillons pas trop long la partie supérieure du cep dont nous ne voulons pas voir la partie inférieure se dégarnir.

Ne taillons pas trop court, si nous voulons l'empêcher de se dégarnir, la partie inférieure du cep.

Taillons long le sarment qui sort d'un bras que nous voulons fortifier.

Taillons court le sarment qui sort d'un bras que nous voulons affaiblir.

Taillons long le sarment que nous voulons fortifier.

Taillons court le sarment que nous voulons affaiblir.

Taillons plus long les sarments du côté faible du cep que ceux de son côté fort.

Ne conservons rien du sarment issu de vieux bois, que nous ne destinons pas à garnir le bas du cep, ou à renouveler la souche, après recépage de celle-ci.

La raison en est que rarement il fructifie à sa première et même à sa deuxième feuille.

Dans l'intérêt de la production du bois, faisons un courson du sarment qui décrit une ligne soit mi-verticale et mi-horizontale, soit horizontale, plutôt que du sarment dont l'extrémité est située plus bas que son point originel.

Dans l'intérêt de la production du fruit, faisons un courson du sarment qui décrit une ligne soit horizontale, soit mi-verticale et mi-horizontale, plutôt que du sarment qui décrit une ligne verticale où à peu près verticale.

Les sarments de l'extrémité du cep produisant des grappes qui risquent de couler, à l'époque de la floraison, en ce que la sève y afflue, ne les taillons pas trop long.

En ce qu'ils sont disgracieux, point de coursons tortus.

Ne faisons pas un courson du sarment grêle et rachitique.

Ne faisons pas un courson du sarment qui n'est aoûté que vers son point d'insertion dans le cep.

Ne faisons pas un courson du sarment où la moelle abonde à ce point que la pression du pouce et de l'index suffit pour l'écraser.

Ne faisons pas un courson du sarment à moelle corrompue, en ce qu'une moelle corrompue accuse un bois malade.

Plus, sans qu'il y en ait trop, il y a de coursons sur un bras, plus beaux sont les fruits que ces coursons produisent.

La raison en est que, dans le bras à beaucoup de coursons, la sève ne circule pas avec trop de vitesse.

Supprimons les onglets formés par la taille précédente.

La raison en est que l'onglet pourri est comme un poison pour le bois vif sur lequel il repose.

En supprimant un vieil onglet, n'entamons pas trop le bois vif.

Taillons sur un œil gros et bien conformé.

La raison en est que tel est l'œil, telle est la pousse.

Si les deux yeux, par exemple, sur lesquels nous aurions voulu asseoir la taille paraissent ne rien valoir, et si le reste du sarment a des yeux excellents, il est d'un viticulteur judicieux de tailler, même sur un cépage commun, à trois ou quatre yeux.

Ce sera, pourra-t-on dire, trop éloigner la taille de la souche, mais à cela nous répondons que la branche de remplacement sera là, l'an suivant, pour remédier au mal.

Il faut au courson, avons-nous déjà dit, un œil gros et bien conformé.

L'œil gros, bien conformé et blanchâtre est souvent, sur la **vigne** faite, un œil à fruit.

L'œil large de base, haut, pointu et bien conformé est d'ordinaire, sur la vigne faite, un œil à bois qui fournira une pousse vigoureuse.

L'œil presque plat est d'ordinaire situé près du lieu soit où est, soit où fut un gros entre-feuille qui a grossi et grandi à ses dépens.

S'il fructifie, il fructifie mal et il fournit rarement une grosse ou vigoureuse pousse.

Bien que tout petits, en comparaison des autres, les yeux laissés au courson par la taille très-courte finissent par grossir, sans cependant fournir une pousse fructifère ou non aussi vigoureuse que celle qu'on doit à l'œil qui toujours a été gros et bien conformé.

Quant aux tout petits yeux qui entourent le point d'insertion du sarment dans le cep, ils sont des yeux sur lesquels l'ignorance seule peut songer à asseoir la taille.

Dans le cas de vieillesse, de bris ou d'aspect trop disgracieux de la souche, employons à faire une autre souche un sarment issu de la région du collet.

Si ce sarment fait défaut, provoquons en l'émission, en tronquant la souche rez-sol.

Ce n'est jamais assez qu'on rajeunit une très-vieille vigne.

Dès lors, supprimons-la, pour la remplacer par une autre vigne.

Quand, lors de la taille, nous voulons disposer un nœud de vieux bois avec ou sans œil apparent à nous fournir une pousse destinée à devenir un bras, pratiquons obliquement, un peu au-dessus de ce nœud, une profonde entaille.

Ce sera lui procurer toute la sève montante dont il aura besoin pour pouvoir émettre le plus tôt possible la pousse désirée.

A l'entaille précitée, qui constitue une grave mutilation, nous préférons l'incision annulaire qui affaiblit beaucoup moins le bras auquel on demande une pousse.

Toute plaie infligée à l'axe aérien ou a un des bras de la vigne est tantôt simplement nuisible, et tantôt funeste à la partie qui l'a subie.

En effet, l'axe souterrain et les racines latérales de la vigne reçoivent toujours le contre-coup, le premier de la mutilation infligée à l'axe aérien, et les secondes de la mutilation infligée aux bras qui leur correspondent.

En conséquence, coupant un bras à la souche ou à une de ses grosses ramifications, coupons-le sans déformer, et, en d'autres termes, sans entamer le cylindre représenté par le bois d'où il sort.

En effet, entamer ce bois est y produire des solutions de continuité qui obligent la sève à dévier.

C'est même l'exposer à se fendiller, à être envahi, dans ses fissures, par des insectes nuisibles, et à ne pouvoir se cicatriser suffisamment.

Ne laissons au cep aucune tumeur.

Abstenons-nous de la taille à l'écu, en ce qu'elle suscite la tête de saule, ramification hideuse et où la sève circule avec une difficulté extrême.

Les bras de la vigne équivalent à autant de ceps dont chacun a son système radiculaire, ayons la prudence de ne pas en supprimer trop en une seule année.

En effet, il en est de l'élagage de la vigne comme de celui du géant des forêts qui, très-largement élagué en une seule fois, ne croît presque plus en diamètre, par ce motif que sa partie herbacée réduite à presque rien ne peut plus élaborer, au moyen des gaz de l'atmosphère, toute la sève descendante nécessaire.

Cependant, quelle que soit la faiblesse momentanée qui doive en résulter pour lui, n'hésitons pas à ôter au cep, en une seule fois, tous ceux de ses bras qui sont tortus, courbés avec bris d'une partie de leur bois, chancreux, fendus ou envahis par la pourriture.

Sacrifions le bras situé entre deux bras, en ce qu'il prive ceux-ci d'une partie de la sève qui leur revient.

Cependant si ce bras est le plus fort des trois, conservons-le, et supprimons le plus faible.

Quelle que soit l'époque de la taille, taillons, si c'est possible, par un temps doux.

La raison en est que les blessures qui nuisent le plus à la vigne sont celles qui lui sont faites par un temps très-froid ou par un vent desséchant.

C'est également par un temps doux que, lors de la taille, nous débarrasserons, pour lui ôter toute sa vermine, et le rendre plus facile à échauffer par le soleil, le cep de la partie sèche, pourrie et filandreuse de son écorce.

En nettoyant l'écorce du cep, gardons-nous bien d'en entamer la partie verte.

La raison en est que cette partie est à l'écorce du cep ce que l'épiderme est à la peau de l'homme.

L'œil placé sous la taille souffre plus ou moins du froid à glace ou des pluies froides.

De là, nécessité de ne pas tailler trop tôt.

De là aussi, nécessité de savoir quelle longueur il faut à l'onglet, pour qu'il protège le plus possible l'œil qu'il a à sa base contre les intempéries qui risquent d'annuler en lui son rudiment de fruit.

Il faut, dit le docteur Jules Guyot, tailler le courson sur la cloison de l'œil situé au-dessus du plus haut œil conservé, en ce que, physiologiquement, la cellule surmontant cet œil paraît lui appartenir tout entière.

C'est une prescription dont, par les motifs suivants, nous jugeons inutile de tenir compte.

Quand nous taillons tard, c'est-à-dire, après les froids de février à fin de mars, nous ne voyons jamais la pousse située sous la base d'un onglet non cloisonné de trois centimètres se comporter moins bien que la pousse située sous la base d'un onglet cloisonné de trois centimètres.

La raison en est qu'à cette époque des froids trop vifs ne sont plus à craindre, et qu'il y a retour du mouvement de la sève, mouvement qui élève la température intérieure du cep, et qui rend ainsi l'œil moins frileux.

D'un autre côté, quand nous taillons dès février, époque souvent suivie de froids vifs et de longue durée, nous ne voyons jamais la pousse située sous la base d'un onglet non cloisonné de trois centimètres se comporter moins bien que la pousse située sous la base d'un onglet cloisonné de cinq, de dix, de quinze ou de vingt centimètres.

La raison en est que, dans l'onglet, la cloison est, comme la moelle et le bois, toujours condamnée par la nature à pourrir, et que pourrissant, à cause de son peu d'épaisseur et de consistance, à peu près aussitôt que la moelle non cloisonnée, elle pourrit bien avant le bois.

Donc, comme protectrice de l'œil situé sous la base de l'onglet, la cloison ne vaut pas plus ou ne vaut guère plus que la moelle.

Donc aussi, comme protectrices de l'œil dont il s'agit, cloison et moelle valent infiniment moins que la partie ligneuse de l'onglet.

En effet, formés par nous, en fin de février, et immédiatement débarrassés de tout leur contenu en moelle, des onglets de trois centimètres n'ont pas empêché l'œil situé sous leur base d'émettre une vigoureuse pousse, et nous avons souvent vu les vignerons de beaucoup de contrées faire impunément des onglets de moins d'un centimètre.

Quant à nous, reprochant au bois de l'onglet d'un centimètre de ne pas assez protéger l'œil situé sous sa base, quand la taille est hâtive, et d'exposer au décollage la pousse émise par cet œil, nous donnons à l'onglet une longueur de trois centimètres.

De plus, en ce que l'onglet n'est indispensable qu'à l'œil qui n'a pas encore émis une pousse, et en ce que l'onglet finit par constituer un foyer d'infection d'autant plus considérable qu'il est très long, nous supprimons l'onglet dès fin de juin, époque où le décollage n'est plus à craindre.

Après avoir tâché de démontrer combien peu, s'il lui est supérieur, l'onglet cloisonné l'emporte sur l'onglet non cloisonné de trois centimètres, tâchons de démontrer que l'onglet à coupe horizontale vaut, somme toute, l'onglet à coupe en biseau.

Dans le but d'empêcher la pluie, la neige, le givre et le verglas de nuire à l'œil supérieur du courson, on taille l'onglet en biseau situé du côté opposé à celui où est l'œil supérieur.

Est-ce que, dans ce cas, la pluie, la neige, le givre et le verglas ne tombent pas directement sur l'œil qu'on veut soustraire à leur action ?

Est-ce que le biseau n'est pas un toit dont la gouttière inonde les yeux situés sous lui, du côté de sa partie inférieure ?

Est-ce que ce n'est pas pour forcer la pluie, la neige, le givre et le verglas à glisser sur lui sans le pénétrer trop profondément, que l'œil a reçu de la nature une carapace ronde, ou pointue par en haut ?

Est-ce que, sur la bouture, l'œil qui, situé rez-sol, est couvert, onglet compris, d'une jointée de terre, et, grâce à cet abri, émet aisément une pousse, n'est pas, pendant les pluies souvent glacées de février à fin d'avril, dans le plus humide des milieux ?

Est-ce que, pour faire entrer plus vite la bouture en végétation, on ne la fait pas longtemps tremper dans une eau souvent très-froide ?

C'est surtout, pourra-t-on dire, pour l'œil qui, placé sous la base de l'onglet, vient de débourrer que nous tremblons.

Eh bien, répondrons-nous, ce n'est pas un onglet à coupe en biseau qui empêchera la pluie, la neige, le givre et le verglas de tomber directement sur ce rudiment de pousse.

En conséquence, au moyen de la serpette, instrument qui ne suscite dans le bois aucun fendillement, nous soumettons l'onglet à une coupe horizontale.

La raison en est que cette coupe, en ce qu'elle a moins de surface que la coupe en biseau, empêche la décomposition du bois de l'onglet d'être trop rapide.

LA TAILLE SÈCHE PRÉPARATOIRE.

Destinée, comme son nom l'indique, à simplifier la taille définitive, non seulement elle supprime le vieux bois et les sarments
inutiles à cette taille, mais encore raccourcit les sarments trop
longs sur lesquels elle doit être assise.

Voici pour les contrées méridionales qui ne veulent tailler définitivement qu'en mars, c'est-à-dire, tard.

En octobre et en novembre, après la récolte, on peut supprimer
les bras et les sarments inutiles.

Pendant la même période, on peut raccourcir avec mesure, les
sarments qui, utiles, sont trop longs.

Nous disons avec mesure, car, tant qu'il conserve sa feuille, le
sarment s'aoûte, et le froid de l'hiver inflige à ses yeux supérieurs
une grande souffrance.

En conséquence, on laissera au sarment une longueur infiniment plus grande que celle que devra lui donner la taille définitive.

En février, on peut faire comme d'octobre à la mi-novembre.

Voici pour les contrées non méridionales qui ne veulent tailler
définitivement qu'en avril, c'est-à-dire, tard.

Pendant la première quinzaine plutôt que dans la seconde quinzaine de novembre, et de la mi-février à la mi-mars, on peut
supprimer les bras et les sarments inutiles.

Pendant les mêmes périodes, on peut raccourcir avec mesure,
les sarments qui, utiles, sont trop longs.

On voit que, réduisant de beaucoup le travail de la taille définitive, la taille préparatoire permet de n'y procéder, dans nos
contrées méridionales, qu'en mars, et, dans nos contrées non
méridionales, qu'en avril.

Or, comme on le verra, dans un autre chapitre, cette taille
définitive, appelée tardive, est, tout bien pesé, la plus avantageuse.

LA TAILLE SÈCHE HATIVE.

La taille sèche hâtive est fortifiante, c'est-à-dire favorable à la
production du bois, quand on laisse assez d'yeux au cep qu'on y
soumet, ce qui a lieu bien rarement.

La raison principale en est, croyons-nous, qu'après cette taille,
les intempéries annulent ou empêchent de se développer suffisamment le rudiment de fruit renfermé dans l'œil qui, dès lors, n'ayant
plus à nourrir tout à la fois un rudiment de pousse et de gros
embryons de grappes, si toutefois ces embryons ne se sont pas
annulés, émet une pousse d'autant plus vigoureuse.

Par suite, elle est défavorable à la production du fruit.

En effet, cette production est d'autant plus abondante et plus
belle que, jusqu'au retour très prononcé du mouvement de la
sève, le rudiment de la grappe n'a pas souffert dans l'œil, comme
le prouve ce fait que le cep qui, en plein rapport, a été transplanté,
fructifie rarement dans l'année de la transplantation, à cause de

la souffrance qui lui a été infligée par la déplantation et la transplantation.

La taille sèche hâtive a lieu avant le retour du mouvement de la sève.

En d'autres termes, elle a lieu à une époque où, en apparence immobile, la sève ne peut presque pas échauffer l'œil qui, placé sous l'onglet de taille, a tant à souffrir des intempéries de l'hiver.

Nous disons en apparence immobile, en ce que, même en hiver, il n'est point de repos absolu pour la sève.

La taille hâtive opère sur un bois qui, trop peu échauffé par une sève à peu près stagnante, a des yeux trop petits.

La taille hâtive opère au-dessus d'yeux dont le rudiment de fruit aurait dû rester longtemps encore protégé contre les intempéries de l'hiver par toute la longueur du sarment.

La taille hâtive hâte l'entrée en végétation du cep, et fait ainsi débourer les yeux du courson, et surtout du courson court, dans un moment où leur rudiment de fruit n'a pas encore acquis le volume nécessaire, et, dès lors, elle rend les grappes qu'ils émettent par anticipation très-sensibles à la gelée.

L'onglet donné à l'œil supérieur du courson par la taille hâtive est déjà dans un certain état de décomposition, quand arrive pour l'œil qu'il doit protéger, le moment de débourrer, et, dès lors, pour cet œil, grande difficulté de se transformer en pousse.

La taille hâtive ne permet pas de distinguer aisément les yeux qui ont de l'avenir de ceux qui n'en ont pas, et, par suite, le sarment aoûté de celui qui ne l'est pas.

La raison en est que le retour du mouvement de la sève n'est pas encore venu accroître le volume des yeux, et prouver ainsi qu'ils pourront émettre une pousse.

Les rudiments de fruit des yeux placés sous la taille hâtive souffrent beaucoup, dit M. Fleury-Lacoste, des montées et des retraits de sève produits par les alternatives de chaleur, de pluie froide, de neige, de givre et de verglas.

La taille hâtive, dit encore M. Fleury-Lacoste, expose au froid le peu qu'il reste du sarment converti en courson, et, par suite, ruine ou affaiblit le rudiment de fruit dans l'œil situé sous la base de l'onglet.

La taille hâtive fait élaborer à l'œil le rudiment d'un bois qui sera long, sans pouvoir s'aoûter sur une assez grande longueur, et, par suite, sans pouvoir, là où la taille est longue, constituer une branche à fruit pourvue d'assez d'yeux excellents.

Or la grosseur et la longueur extrêmes du bois dû à la taille dont il s'agit proviennent, comme nous l'avons dit plus haut, en d'autres termes, de ce que l'œil dont le froid fait avorter le fruit, ou auquel le froid ne permet de produire qu'un grapillon équivaut presque à l'œil à bois.

La taille hâtive, pourra-t-on dire, prévient en grande partie l'écoulement des pleurs de la vigne.

C'est vrai, mais prévenir en partie n'est pas prévenir assez, pour le cas où pleurer nuirait réellement à la vigne, au lieu d'être pour elle, si l'expression nous est permise, une indispensable purgation.

Au reste, dans la sève montante, c'est-à-dire, non perfectionnée.

constituée par les pleurs dont il s'agit, l'analyse, surtout en avril, ne trouve guère que de l'eau pure, et dès lors, il est, croyons-nous, permis de penser que c'est leur partie la moins substantielle, et, en d'autres termes, la moins favorable à l'embryon de fruit, qui s'échappe du bois.

En tout état de cause, quand, après avoir pleuré, la vigne a émis des pousses fructifères, une sève trop fougueuse n'afflue pas dans ces pousses au point de les transformer en pousses non fructifères, et, en d'autres termes, en pousses dont le fruit coule.

Cela est si vrai, que c'est pour prévenir une affluence excessive de sève, qu'on pince les pousses fructifères à un certain nombre de feuilles au-dessus de la dernière grappe.

En effet, la vigoureuse pousse fructifère qu'on laisse intacte constitue un appel de sève si puissant que, souvent elle ne peut mener à bien les grappes qui, tout d'abord, faisaient le mieux espérer d'elles.

La taille hâtive la plus funeste à la fructification est, surtout dans nos contrées non méridionales, celle d'octobre.

La raison en est qu'elle opère sur un sarment qui, n'ayant pas encore perdu ses feuilles, n'est pas assez aoûté, et que les froids les plus funestes au sarment converti en courson sont ceux de décembre et de janvier.

C'est ce qu'a constaté comme nous un horticulteur d'Epinal, qui, après avoir, pour en rendre le fruit de garde, coupé un certain nombre de pousses, a vu, l'an suivant, les coursons résultant de cette taille anticipée ne rien faire de bon.

Là où, taillant court, on ne laisse guère plus de trois à cinq yeux à une grosse souche, la taille hâtive a les résultats les plus malheureux.

La raison en est que, plus on tond la vigne, plus on la force à produire, pour réparer les pertes de bois qui lui ont été infligées, plus de bois que de fruit.

Une taille hâtive que nous trouvons très dangereuse est la taille à un œil.

La raison en est que plus court est le courson, plus les intempéries de l'hiver risquent d'annuler son fruit dans l'œil.

C'est dans les contrées où l'on taille à très-longs bois que la taille hâtive offre le moins de danger.

La raison en est que les yeux de la branche de remplacement, branche très-courte, et les deux derniers yeux de la branche à fruit sont les seuls qui aient beaucoup à souffrir des intempéries de l'hiver.

Comme on le voit, la taille hâtive qui ne laisse pas assez d'yeux à la vigne est affaiblissante, et seule la taille hâtive qui laisse assez d'yeux à la vigne est fortifiante, mais combien cher elle fait payer cet avantage, en ne donnant point de fruit, en en donnant peu, et même en n'en donnant pas assez dans les années sans gelées intenses de printemps !

Et cependant un vieux proverbe dit : taille tôt, peu de vin et gros fagot, c'est-à-dire peu de vin, et beaucoup de sarments qui, gros et longs, ne s'aoûtent pas toujours assez.

LA TAILLE SÈCHE TARDIVE.

La taille sèche tardive est, au rebours de ce qu'est la taille sèche hâtive, affaiblissante, c'est-à-dire, favorable à la production du fruit, et défavorable à la production du bois.

En effet, après Columelle qui, il y a près de deux mille ans, déclarait qu'elle fait beaucoup de fruit et peu de bois, un vieux proverbe a dit : Taille tard, beaucoup de vin et peu de hart.

Le proverbe étant, en viticulture, la sagesse du vigneron, c'est, dès lors, la pratique, au lieu de la théorie qui, depuis des siècles, nous enseigne qu'il est plus avantageux de tailler tard que tôt.

Pourquoi donc, à la voix non seulement du proverbe, mais encore de MM. Fleury-Lacoste et Jules Guyot qui, depuis plusieurs années, glorifient la taille sèche tardive, ne la pratique-t-on pas, surtout dans les pays à hivers froids, plus généralement qu'on ne le fait?

C'est, pourra-t-on dire, parce que, de la récolte à l'approche du retour du mouvement de la sève, le vigneron a des loisirs longs et fréquents, et parce qu'à partir du retour du mouvement de la sève, il est très difficile de se procurer des ouvriers.

C'est également pa ce que, produisant peu de bois, la taille tardive épuise plus la vigne que ne le fait la taille hâtive.

A la première allégation nous répondrons qu'en ôtant à la vigne, de la récolte à l'approche du retour de la sève, par la taille préparatoire, tout le vieux bois qui laisse à désirer, tout le jeune bois sur lequel la taille définitive ne sera pas assise, et toute la partie non aoûtée des sarments destinés à devenir coursons, on simplifie singulièrement la taille tardive.

A la seconde allégation, nous répondrons:

1° Le viticulteur qui taille tard ne peut, et, en cela, nous l'approuvons, se résoudre à sacrifier nombre d'yeux qui, grâce au retour du mouvement de la sève, sont devenus, d'assez petits, très gros et très beaux, sauf à tailler court, à tailler très court, et même à supprimer les sarments de taille dont les yeux laissent trop à désirer.

Dès lors, soumettant la vigne à une taille gé:.reuse sans l'être trop, il lui procure l'arborescence qui, si favorable à la prolongation de son existence et de sa fertilité, manque à la vigne soumise à la taille hâtive, taille pendant laquelle, voyant peu d'yeux pleins de promesses, beaucoup ne croient pouvoir faire des coursons trop courts et trop peu nombreux.

2° Quand la taille hâtive produit un bois très gros et de longueur souvent démesurée, la taille tardive suscite un bois qui, s'il n'est ni très gros ni très long, s'aoûte bien, même en année humide, et, par suite, est parfaitement disposé pour une fructification ultérieure abondante et belle.

Or, pour la vigne que nous voulons forte, durable et longtemps fructifère, nous préférons, quant à nous, plus de sarments qui, de grosseur et de longueur moyennes, s'aoûtent presque entièrement, à moins de sarments qui, d'une grosseur et d'une longueur extrêmes, ne s'aoûtent pas assez.

3° A la vigne taillée tard le viticulteur jardinier n'hésite pas, quand elle est extrêmement fructifère, à ôter, pour l'empêcher d'être trop chargée, ses grappes à la fois les moins belles et les moins grosses.

4° En nous engageant à conserver des yeux que la taille hâtive aurait sacrifiés, faute de savoir s'ils étaient susceptibles de la plus heureuse des transformations, la taille tardive nous achemine à ce qui favorise le plus la production du bois et du fruit, c'est-à-dire, à la taille généreuse, dont il sera parlé plus loin.

Donc, tout bien considéré et bien pesé, la taille tardive bien conduite et suivie, plus tard, de la suppression de l'excès du fruit, procure à la vigne autant de vigueur et plus de fruit que ne le fait la taille hâtive.

La taille tardive, avons-nous dit, en traitant de la taille hâtive, a lieu au moment du retour prononcé du mouvement de la sève.

Or, ce retour est indiqué par un de ces quatre faits que les yeux ont beaucoup grossi, qu'ils se sont allongés, qu'ils vont débourrer, ou qu'ils débourrent déjà.

Taillant tardivement, on forme, chose bien importante, des onglets qui n'entrent guère en décomposition que quand l'œil situé sous leur base a émis une pousse.

Or, le contraire a lieu pour l'onglet formé par la taille hâtive, et, de là, pour l'œil situé sous sa base, risque de beaucoup souffrir.

Au lieu de le hâter, comme le fait la taille hâtive, la taille tardive retarde de cinq à huit jours le développement des yeux sur lesquels on se réserve de l'asseoir, et soustrait ainsi à la gelée les pousses qu'après cela émet le courson.

La raison en est que, quand on la pratique, les yeux inférieurs du sarment de taille s'apprêtent seulement à débourrer, quand les autres yeux et ceux des coursons formés par la taille hâtive ont déjà émis des rudiments de pousse.

Un autre avantage de la taille tardive est de faire pleurer l'onglet sur les yeux du courson qu'elle a formé, et de causer ainsi, en eux, un arrêt de végétation de plusieurs jours de durée.

Abrité par un long bout de sarment, le rudiment de fruit des yeux sur lesquels on se réserve d'asseoir la taille tardive ne souffre ni quand il pleut, ni quand il gèle, et se perfectionne quand le temps est doux.

Quand il n'y a plus arrêt de sève dans les yeux placés sous la taille tardive, de grands froids ne sont plus à craindre.

Enfin, la taille tardive permet de biner avant le retour du mouvement de la sève, c'est-à-dire, à une époque où la gelée rendue intense par l'ameublissement du sol risque de nuire à la vigne qui a été soumise à la taille hâtive.

Mais, pourra-t-on dire, si la taille tardive retarde d'au moins dix jours la conversion des yeux en pousses, les raisins des vignobles de nos contrées non méridionales risqueront, surtout en année humide, de ne pouvoir mûrir parfaitement.

A cet égard, répondrons-nous, qu'on se rassure !

En effet, à partir de la mi-juillet, le retard qui s'est produit a cessé d'être.

Dans nos contrées méridionales, selon le docteur Guyot, à parité de sol, de cépage et de mode de culture, des contrées qui taillent tard récoltent, sans affaiblir leurs vignes, beaucoup plus de vin que des contrées voisines qui pratiquent la taille hâtive.

Or, s'il en est ainsi dans nos contrées méridionales, combien la taille tardive doit être avantageuse dans nos contrées à hivers rudes !

En Savoie, M. Fleury-Lacoste voit, depuis environ vingt-cinq ans, la taille tardive faire produire à ses vignes des grappes exemptes de coulure, un bois infiniment plus aoûté que celui qu'on doit à la taille hâtive, et d'abondantes récoltes de raisins aussi mûrs que ceux des vignes soumises à cette dernière taille. Bien plus, il voit ses vignes âgées rajeunir sous la taille tardive.

Dans ces dernières années, plusieurs viticulteurs, forcés par certaines circonstances à ne tailler que quand la vigne bourgeonnait, c'est-à-dire, au commencement de mai, ont déclaré avoir fait une récolte exceptionnellement abondante.

Ces viticulteurs ont dit vrai, mais nous croyons devoir déclarer que des essais nous ont fait acquérir la certitude que la vigne taillée dans la première quinzaine de mai mûrit bien plus difficilement son fruit que la vigne soumise à la taille avant d'avoir émis des pousses.

Généralement, dans la Gironde, pays de production de vins si distingués, la vigne, dit le docteur Jules Guyot, n'est taillée que quand ses yeux débourrent.

Nous la taillons, quant à nous, lorsque ses yeux sont devenus très-gros, ou vont débourrer.

La raison en est que, dans ce cas, les pleurs de l'onglet ne pouvant pénétrer dans les yeux, la gelée est moins à craindre pour le rudiment de grappes que ceux-ci renferment.

C'est, en 1866, que nous avons essayé, pour la première fois, de la taille tardive.

D'abord nous avons tremblé pour les coursons et pour les yeux, tant, après la taille, les uns et les autres avaient été noircis et moisis à l'extérieur par les pleurs de la vigne, et tant nous semblait mortel pour eux l'arrêt de végétation qui s'y était produit.

Cinq jours après la taille, une gelée blanche détruisait les pousses naissantes des ceps soumis à la taille hâtive, et épargnait les yeux pour lesquels nous avions tremblé.

Cinq jours après, ces yeux débourraient avec activité, pour émettre bientôt de magnifiques pousses de grosseur et de hauteur moyennes.

Cinq semaines plus tard, nos grappes étaient aussi avancées que celles des ceps qui, soumis à la taille hâtive, avaient été épargnés par la gelée.

Enfin, à partir de novembre, et dix jours après une récolte abondante de fruits mûrs, l'aoûtage des pousses ne laissait rien à désirer.

De 1867 à 1870, nous avons obtenu de la taille tardive les mêmes résultats.

En 1867 et en 1869, nous avons vu tomber sur nos ceps qui, après un arrêt de végétation d'environ huit jours, se mettaient à bourgeonner, une grêle qui n'a détruit que les pousses mesurant déjà de trois à cinq centimètres.

Or, chaque pousse gelée était la pousse supérieure du courson, et nous avions formé des coursons à un œil, à deux yeux, à trois yeux, et, par exception, à quatre yeux.

Nous exprimer ainsi est dire que nos coursons à un seul œil n'ont pas tous perdu leur pousse unique, et que nos coursons à deux, à trois et à quatre yeux n'ont perdu qu'une pousse.

On devine qu'au lieu de récolter beaucoup, nous n'aurions rien ou presque rien récolté, si, au lieu de recourir à la taille tardive, nous avions recouru à la taille hâtive.

Tout cela dit, nous conjurons les viticulteurs et les horticulteurs qui, jusqu'ici, n'ont pratiqué que la taille hâtive, de se livrer à des essais, et, après avoir obtenu d'excellents résultats, de s'efforcer de généraliser autour d'eux le retour à la taille tardive, taille qui, comme on l'a vu, n'est affaiblissante que quand elle laisse trop peu d'yeux à la vigne.

Sur cent praticiens, un seul peut-être répondra, il est vrai, à cet appel, mais le succès qu'il obtiendra lui suscitera au moins cinq imitateurs dont chacun ne prêchera pas moins heureusement d'exemple.

Or, quand, par la force si grande de l'exemple, trente individus sur cent ont été entraînés, le reste ne tarde pas beaucoup à l'être.

LA TAILLE SÈCHE TROP COURTE ET LA TAILLE SÈCHE QUI, SIMPLEMENT COURTE, FAIT TROP PEU DE COURSONS.

Faire des coursons courts est réprimer la vigne.

En effet, plus d'amputations on inflige à un végétal, plus on l'affaiblit.

Une taille sèche trop courte, et une taille sèche qui, simplement courte, fait trop peu de coursons, épuisent à ce point la partie supérieure du cep, que, finissant par ne presque plus pouvoir y monter, à cause du rétrécissement des canaux séveux qui s'y est produit, la sève s'ouvre au bas du cep, par l'émission d'une pousse, de nouveaux passages.

Quant à la vigne qui, abandonnée à elle-même, a un appui vertical, elle est destinée par la nature à grandir presque indéfiniment, à mesurer un diamètre de plus d'un mètre, et à parvenir à un âge prodigieusement avancé, sans cesser, pour ainsi dire, d'être fertile.

Elle diffère bien, comme on le voit, de ces ceps qui deviennent, sous nos coups de serpette, de véritables nains pourvus de deux ou trois yeux seulement, et dont, par suite, la sève forcée à monter avec fougue ferait souvent couler le fruit, si leurs pousses n'étaient pas pincées à un certain nombre de feuilles au dessus de la dernière grappe.

En conséquence, moins on donne de hauteur, de largeur et d'yeux à la vigne qui occupe un sol suffisamment fertile et profond, plus faiblement elle croît, plus son rendement en fruit est insuffisant et diminue, et moins longtemps elle vit.

Un seul œil, dit le docteur Jules Guyot, fournira, il est vrai, une très-grosse pousse, par ce motif que toute la sève aspirée par les racines y affluera, mais qu'est-ce que cela, en comparaison de ce que dix yeux sur cinq coursons procureront d'arborescence et de fruit à la vigne ?

Si, là où le sol est assez fertile et assez profond, nous voyons une vigne rabougrie et moussue, nous pouvons dire qu'elle a été taillée avec une sévérité excessive.

C'est, disons-le, en passant, un fait qui indique que la taille restreinte est une aggravation du mal fait à la vigne, non-seulement par le provignage, mais encore par la taille hâtive.

La taille trop courte et à trop peu de coursons fait autre chose encore que les ceps rabougris et moussus.

En effet, c'est d'elle que proviennent les souches tortues, goitreuses, chancreuses, à demi-pourries, crevassées ou en tête de saule, souches où la sève a tant de mal à monter et à descendre.

Si l'on nous dit d'un cep que les gourmands sortent en bien plus grand nombre de sa souche que les pousses fructifères ou non de son jeune bois, nous répondrons que ce malheureux cep proteste, par la production de pousses issues de vieux bois, contre le refus fait par le vigneron de satisfaire, dans une mesure convenable, à son impérieux besoin d'expansion.

Tailler trop court et à trop peu de coursons est empêcher les feuilles d'abonder assez pour attirer jusqu'à elles, et pour élaborer, à l'aide des gaz de l'atmosphère qu'elles absorbent, toute l'eau de végétation qui, aspirée par les racines, est indispensable à l'accroissement du bois en diamètre, comme à la production du fruit.

En effet, ne laissant qu'un œil à un cep de deux ans, et laissant cinq yeux sur le courson unique d'un cep de même calibre et de même âge, on verra la souche du second grossir infiniment plus que celle du premier, en ce que beaucoup de feuilles font infiniment plus de sève descendante que peu de feuilles.

Tel est le système souterrain du cep, tel doit être, selon le vœu de la nature, son système aérien.

Puisqu'il en est ainsi, on rompt à l'excès, par la taille restreinte, l'équilibre qui doit, au moins dans une certaine mesure, régner entre les deux systèmes.

En effet, s'abstenant de toucher au système souterrain, on tond, pour ainsi dire, le système aérien, et l'on empêche ainsi le second de prêter au premier un concours suffisant.

La vigne la plus sujette à la coulure et à la brûlure est celle qui est taillée trop court et à trop peu de coursons.

La raison en est qu'elle est celle qui a le moins de vitalité.

La vigne qui attire le plus l'insecte destructeur de son bois est celle qui a été taillée trop court et à trop peu de coursons.

La raison en est que son vieux bois est moussu, et qu'il se produit, sur les parties de ce bois que l'instrument de taille a le plus maltraitées, de nombreuses crevasses, car mousse et crevasses servent de retraite à la vermine.

C'est aux cépages communs que la taille courte et à trop peu de coursons est le moins fatale, sous le rapport de la production du fruit.

La raison en est que leur fruit le plus capable de donner un bon moût est produit par le bas plutôt que par le haut ou que par le milieu du sarment, et que, forcés par la taille à porter une charge triple de fruit, ils donneraient un mauvais vin.

Nous exprimer ainsi équivaut à dire que, si nous taillons un fin cépage à deux yeux au plus, et que, si, en outre, nous ne lui donnons pas assez de coursons, nous l'épuiserons en peu d'années, et le rendons stérile.

En effet, ce fait qu'il ne produit pas au bas du sarment son fruit le plus beau, le meilleur et le plus gros, indique son besoin absolu de devoir à la taille au moins une longue branche à fruit.

En ce qui concerne les cépages communs, pourra-t-on dire, nous saurons empêcher, par des apports de terre ou par la fumure, la vigne soumise à la taille restreinte de s'épuiser.

Eh bien ! répondrons-nous, le terrage ou le fumage retardera simplement de quelques années l'arrivée de l'époque où elle se trouvera presque tout à coup frappée d'une incurable langueur et de stérilité.

Maintenant, quand verrons-nous la taille restreinte presque partout abandonnée ?

C'est quand tout viticulteur, convaincu qu'elle constitue un attentat contre la vie et la production végétales, transformera par des exemples son ignorant entourage.

C'est quand les masses viticoles auront dû à l'étude des principales lois de la vie végétale de reconnaître combien il est faux que la taille restreinte procure de la force à la vigne.

C'est quand, comme le demande si instamment et si patriotiquement le docteur Jules Guyot, le maître aura intéressé le vigneron à la production.

En effet, très-souvent le vigneron auquel le maître ne vient pas en aide, par une rémunération suffisante, trouve plus de profit à mal faire qu'à obéir à la voix du progrès.

LA TAILLE SÈCHE QUI, SIMPLEMENT COURTE, FAIT DES COURSONS ASSEZ NOMBREUX.

Cette taille, surtout quand elle fait un certain nombre de coursons à trois yeux, est une atténuation du mal fait aux fins cépages par la taille sèche qui, trop courte ou simplement courte, fait trop peu de coursons.

C'est d'ailleurs à cette taille que sont soumises nombre de treilles de fins cépages, et certains fins cépages qui, tirés de nos contrées méridionales, ne peuvent mener à bien, dans nos contrées non méridionales, les grappes si nombreuses qui résultent de la taille longue.

Nous exprimer ainsi est dire que, surtout quand elle ne craint pas de faire un certain nombre de coursons à trois yeux, la taille dont il s'agit est celle qui nous semble le mieux convenir aux cépages communs.

Nul pourtant ne peut déterminer avec une exactitude suffisante le nombre d'yeux à donner à chaque forme de cep et à chaque cep.

En effet, en la matière, tout dépend de nombre de choses qui sont principalement le climat, l'exposition, le sol, l'engrais, l'amendement, le cépage, l'espacement des ceps, leur hauteur, la largeur de leur tête, et enfin la culture.

Ainsi, il faut plus d'yeux à la vigne :

Sous un climat suffisamment chaud que sous un climat qui ne l'est pas assez.

A une exposition favorable qu'à une exposition défavorable.

Dans un sol fertile et profond que dans un sol peu fertile et peu profond.

Dans un sol fumé ou richement terré, que dans un sol non fumé ou non terré.

Dans un sol amendé par les matières qui lui manquaient, que dans un sol non amendé par ces matières.

Là où le cépage se contente de peu, que là où le contraire a lieu.

Quand le cépage a des feuilles à la fois larges et nombreuses, que quand le contraire a lieu.

Là où les ceps sont assez espacés, que là où ils ne le sont pas assez.

Là où la vigne est tenue haut, que là où elle est tenue bas.

Là où la vigne est en treille à longs bras, que là où il en est autrement.

Là où la vigne reçoit toutes les cultures d'entretien et tous les soins qui lui sont nécessaires, que là où elle ne les reçoit pas.

On voit que la taille dont nous nous occupons, taille à ne pas confondre avec la taille restreinte, est une taille d'abord à coursons principaux pourvus de deux ou trois yeux, puis à coursons de remplacement à un seul œil.

Mais, pourra-t-on dire, si nous taillons parfois à trois yeux, et, par exception, à quatre yeux, nous ne pourrons, ce à quoi nous tenons beaucoup, avoir une taille assez rapprochée de la souche, et, par suite, le cep finira par s'élever trop haut et par prendre trop d'ampleur.

Eh bien, répondrons-nous, la branche de remplacement à un seul œil est là pour prévenir l'inconvénient que vous craignez.

LA TAILLE SÈCHE LONGUE SANS L'ÊTRE TROP.

Rappelons-nous ici que la taille longue, autrement dite taille à longs bois, est constituée par un long bout de sarment disposé soit horizontalement, soit en espèce d'ellipse appelée courbe, soit en portion de cercle appelée versadi.

Rappelons-nous également que ce long bout de sarment est appelé branche à fruit, et qu'il est remplacé, l'an suivant, par l'une des deux pousses qu'a émises le courson dit de remplacement.

Les pousses émises par la branche de remplacement s'appellent tire-sève, et sont palissées verticalement.

La branche à fruit, quelle que soit la manière dont elle est disposée, n'est utile que pour la production du fruit, et la branche de remplacement non seulement fournit la branche à fruit dont, l'an suivant, le cep aura besoin, mais encore procure au cep, par la position verticale de ses pousses, l'arborescence sans laquelle il se comporterait trop mal.

Aux fins cépages, par un motif indiqué plus haut, les bois longs sans l'être trop.

Nous disons sans l'être trop, parce qu'il ne faut pas abuser des meilleures choses.

En effet, il y aurait, par exemple, abus impardonnable à donner à la vigne basse une branche à fruit de deux mètres.

Grâce à son grand nombre de feuilles, dit le docteur Jules Guyot, la vigne à longue branche à fruit est la vigne où la sève abonde le plus.

Or, c'est l'abondance de la sève, aidée de la direction judicieuse des pousses de la branche de remplacement et de la disposition de la longue branche à fruit, qui fait le cep à la fois vigoureux et très fructifère.

La taille longue, là où le sol est de fertilité et de profondeur suffisantes, là où l'exposition est favorable, là où le climat n'est pas trop froid, et là où le sol n'est pas habituellement trop frais, peut faire obtenir des fins cépages deux fois plus de vin que ne peut le faire la taille courte.

Une preuve de la supériorité de la taille longue sur la taille courte est fournie par ce fait curieux, que la vieille vigne qui vient d'y être soumise, après avoir toujours été taillée court, redevient vigoureuse et fertile.

En effet, recevant plus d'arborescence, elle prend, si l'expression nous est permise, plaisir à faire peau neuve.

Un autre avantage de la longue taille est, disons-le encore une fois, de procurer aux fins cépages, des fruits parmi lesquels les grappillons sont rares.

La vigne en treille constituée par des cépages fins ne s'arrange pas moins bien que la vigne sur souche de la taille longue.

Aussi espérons-nous voir bientôt les praticiens avancés cesser de ne donner à la vigne en treille que des coursons à un œil, à deux yeux ou à trois yeux.

La longue branche à fruit offre surtout ceci de remarquablement avantageux que, quand ses pousses supérieures, pousses qui sont les premières à s'émettre, ont été détruites, soit en fin d'avril, soit au commencement de mai, par une gelée blanche, elle est pourvue, dans sa partie inférieure, d'yeux qui, n'ayant pas encore bourgeonné, peuvent fournir un quart de récolte.

Or, obtenir un quart de récolte, à côté de voisins qui ne récoltent rien, est être bien heureux.

Que disons-nous ? quand, à la taille à long bois se joint la taille tardive que, dans un des chapitres précédents, nous avons tant recommandée, on peut obtenir, à côté de voisins qui ne récoltent rien, jusqu'à trois quarts de récolte.

Quand un cépage que nous ne connaissons pas nous semble être stérile, taillons-le long, pendant au moins deux ans, avant de nous décider à le supprimer.

La raison en est, soit qu'il est un cépage qui refuse du fruit à la taille courte, soit que, comme le Breton qui produit un si bon raisin, il ne fructifie qu'au bout d'un certain nombre d'années.

Dressée par la taille longue sans l'être trop, la charpente de la vigne en treille formée de fins cépages devient magnifique, et, en peu d'années, couvre une hauteur et une largeur considérables de mur.

Nous disons par la taille longue sans l'être trop, en ce qu'une taille trop longue, c'est-à-dire, de beaucoup plus d'un demi-mètre, ne susciterait d'assez grosses pousses qu'à partir du milieu du sarment de continuation, soit de la flèche, soit de chaque bras.

Voulant essayer de la taille longue, pour l'adopter, en cas de succès, n'en essayons pas sur un sol à la fois trop maigre et trop peu profond, ou faisons là une branche à fruit moins longue que sur le sol de fertilité et de profondeur suffisantes.

La raison en est que la longueur de la branche à fruit et le nombre de branches à fruit et de branches de remplacement doivent être proportionnés à la quantité de sucs alimentaires contenus dans le sol et à la profondeur à laquelle les racines peuvent s'enfoncer.

La raison en est aussi que les essais qui ne sont pas judicieux réussissent rarement, et que souvent on devient l'implacable ennemi des excellentes pratiques dont on a essayé sans succès.

Voulant essayer de la taille longue, donnons à la branche à fruit une longueur inférieure à celle qui, dans l'an suivant, sera donnée à la branche à fruit qui la remplacera.

La raison en est que son fruit, surtout si la vigne est jeune, risquerait de ne pas mûrir, et, dès lors, de donner un vin médiocre.

Nous exprimer ainsi est répéter qu'il faut proportionner la longueur de la taille à l'âge et à la vigueur de la vigne, comme à la nature du sol, du climat et de l'exposition, et que seuls des essais mal conduits peuvent faire considérer la taille longue comme nuisible à la maturation du raisin.

Sur un sol à la fois fertile et profond, nous pouvons donner à la vigne deux branches à fruit horizontalement palissées, et deux branches de remplacement.

Sur un sol à la fois fertile et profond, nous pouvons donner à la branche à fruit une longueur d'un peu plus d'un mètre.

Sur un sol de fertilité et de profondeur moyennes, nous pouvons donner à la branche à fruit une longueur d'un mètre.

Sur un sol peu fertile et peu profond, donnons à la branche à fruit une longueur de moins d'un mètre.

Nous éborgnerons utilement les yeux de l'origine de la branche à fruit.

La raison en est qu'il arrive souvent à la sève de ne pas les faire fructifier, et que, dès lors, celle-ci leur fait produire inutilement du bois.

Au reste, en ce que, quand ils fructifient, ils sont ceux qui donnent le fruit le moins beau, ces yeux sont les moins utiles.

Si les yeux de la branche à fruit son trop rapprochés les uns des autres, nous éborgnerons très-utilement les yeux placés au-dessous de cette branche.

La raison en est qu'elle aurait trop de grappes non-seulement à nourrir, mais encore à faire parvenir à maturité, et que les yeux situés sous elle sont les moins utiles, en ce qu'ils ont à se recourber pour croître verticalement, et, en d'autres termes, pour obéir à l'appel de la lumière.

Si, les yeux de la branche à fruit n'étant pas trop rapprochés les uns des autres, le cep est jeune, nous éborgnerons utilement les yeux situés sous cette branche, en ce que la jeune vigne mène difficilement à bien une fructification trop abondante.

Abaisser et lier trop tôt la branche à fruit sont exposer ses rudiments de grappes à être annulés ou affaiblis dans l'œil par la gelée.

La raison en est que le palissage l'empêche d'être agitée par le vent.

Abaisser et lier trop tard la branche à fruit, sont exposer ses premières pousses à beaucoup moins grossir et à beaucoup moins fructifier que les dernières.

La raison en est que, quand on a laissé la branche à fruit émettre des pousses, avant d'avoir été abaissée horizontalement, ses pousses supérieures deviennent beaucoup plus longues que ses pousses inférieures, et, dès lors, les affament.

Abaisser et lier trop tard la branche à fruit, sont contrarier ses pousses, en les forçant à tâcher d'obéir autant qu'elles le faisaient, dans leur première position, à l'appel de la lumière.

Abaisser la branche à fruit de telle manière que son extrémité soit à cinq centimètres, par exemple, au-dessus de la ligne horizontale est susciter, dans la région de son origine, des pousses chétives.

Abaisser la branche à fruit de telle manière que son extrémité soit à cinq centimètres au-dessous de la ligne horizontale, est susciter dans la région de son origine, des pousses plus ou moins disposées à devenir des gourmands.

Sur la branche à fruit à position tenant le milieu entre la ligne horizontale et la ligne verticale, les yeux inférieurs fourniraient des pousses trop chétives.

Palisser verticalement la branche à fruit serait susciter la production de trop de bois et de trop peu de fruit.

En somme, il faut disposer la branche à fruit de telle manière que tous ses yeux travaillent le plus également possible.

Comme la branche à fruit disposée horizontalement, pour que la sève y circule avec la lenteur qui assure la production du fruit, la branche à fruit arrangée en courbe doit être disposée de telle manière que tous ses yeux travaillent le moins inégalement possible.

Nous préférons, quant à nous, la branche à fruit horizontalement palissée à la courbe et au versadi.

La raison en est qu'elle est la mieux disposée pour que les yeux travaillent le plus également possible, et qu'elle est celle qui a son raisin le plus près de terre.

Grâces en soient rendues à la prédication du docteur Jules Guyot, la taille longue sans l'être trop prend de plus en plus faveur.

Aussi n'y a-t-il plus, pour en rendre l'application à peu près générale, qu'à la faire expérimenter par des instituteurs à la disposition desquels on mettrait un champ à convertir en vigne, qu'une instruction sur la matière guiderait dans leur essai, et qui, après avoir abouti, décideraient aisément les vignerons de la commune à transformer leurs vignes à fins cépages.

Oui, la taille à longs bois est une excellente chose qui seule peut empêcher les fins cépages de s'en aller , comme, par malheur, ils l'ont fait jusqu'ici.

En effet, si l'on faisait partout de longues branches à fruit horizontalement disposées, des courbes et des versadis, on cesserait bientôt, devant une magnifique production ne nuisant pas ou ne nuisant presque pas à la qualité du vin, de prétendre que la vigne à cépages communs est la seule qui, en ce qu'elle donne beaucoup de vin, puisse être rémunératrice.

Au reste, comme le dit le docteur Jules Guyot, ne devons-nous pas aux cépages fins infiniment plus qu'aux cépages communs, les choses si précieuses qui sont appelées santé, vigueur, esprit, sociabilité, courage et générosité ?

UNE TAILLE RENOUVELLÉE DE L'ÉPOQUE OU VIVAIT COLUMELLE.

Dans les Deux-Charentes, lors de la taille, on abaisse et l'on couche au fond d'un sillon d'environ huit centimètres de profondeur, un gros et long sarment débarassé de sa partie non aoûtée.

Cela fait, on comble le sillon.

Au commencement de mai, si l'on n'a plus de gelées blanches à craindre pour la partie non enterrée du cep, on supprime le sarment.

Au contraire, si la gelée a détruit les pousses de la partie non enterrée du cep, on déterre le sarment, dont les yeux viennent seulement de débourrer, on l'accole au cep, et l'on en obtient beaucoup de fruit.

Grâce donc à cette longue branche à fruit, on récolte chaque année.

Trouvant cette pratique excellente, nous l'avons recommandée à plusieurs contrées où la vigne est en ligne, mais partout on s'est borné à nous répondre qu'elle exige trop de main-d'œuvre.

En présence de tant de crainte d'un surcroit de travail de frais de main-d'œuvre, que faire ?

Former nous-mêmes la branche à fruit dont il s'agit, et, quand nos voisins ne récolteront rien ou presque rien , leur montrer notre vigne.

En effet, l'exemple est le seul maître que la routine soit disposée à écouter.

LA TAILLE POUR GREFFAGE.

La taille du cep à greffer et du greffon a lieu lors du retour du mouvement de la séve, plutôt qu'en octobre.

La raison en est qu'en octobre le greffon risque de ne pas être assez aoûté.

On taille, en forme de bouture, dans un sarment bien aoûtée et contenant le moins possible de moelle, un greffon mesurant au moins vingt centimètres, et pourvu d'au moins trois yeux bien conformés.

On donne au greffon un onglet supérieur de deux centimètres et un onglet inférieur d'un demi-centimètre.

A partir du dessus de l'entre-nœud de l'œil de base du greffon, entre-nœud qui ne doit pas être trop court, on taille le greffon en biseau, des deux côtés de l'œil de base, et sans entamer la moelle.

On coupe la souche à une profondeur de quinze à vingt centimètres en terre, si le cep, quand il était bouture, n'a pas été planté à une très faible profondeur.

On fend la souche sur une longueur plus grande que celle du biseau.

On introduit le biseau du greffon dans la souche fendue.

On fait coïncider l'écorce du biseau avec celle de la souche.

On ligature.

On couvre d'onguent Saint-Fiacre.

Enfin on entoure le greffon de terre qu'ensuite on tasse.

Pour fortifier un cépage faible, on le greffe sur un cépage fort.

Pour rendre plus fin un cépage qui ne l'est pas assez, on greffe sur lui un cépage qui l'est assez.

Pour rendre plus fertile un cépage qui ne l'est pas assez, on greffe sur lui un cépage qui l'est assez.

LE LIAGE.

La vigne qui se comporte le mieux est celle contre laquelle, à partir du moment où ses yeux ont émis des pousses, le vent ne peut presque rien.

Donc, il faut lier la vigne.

De l'époque de la taille sèche à celle de la vendange, il faut presque toujours lier.

Le liage maintient la vigne dans la position la plus favorable à la production du fruit et à la production du bois.

Le liage empêche les pousses de la vigne de traîner.

Le liage met l'air à même de pénétrer dans toutes les parties de la charpente de la vigne.

Le liage empêche le fruit d'être trop ombragé.

Ne perdons jamais de vue que jusqu'à la mi-juin, il y a danger de rompre, à son lieu d'insertion dans le bois fait, la pousse qu'on lie.

A la toute jeune vigne les liens les plus doux.

A la vigne faite, des liens à la fois doux, forts et durables.

A la vigne des liens qui n'en étranglent ni le bois fait, ni les pousses.

Cependant, presque autant ne pas lier que de ne pas assez maintenir les souches au moyen du lien.

En liant gardons-nous bien de froisser les feuilles, nourrices si généreuses des yeux, du bois herbacé et même du bois fait.

Lions de telle manière que le fil de fer auquel les pousses sont attachées puisse le moins possible entamer celles-ci.

Si nous ne sommes pas là, pour surveiller le liage, l'ouvrier qui, avant tout, veut aller vite, ne lie pas tout ce qui doit être lié, ne lie pas assez durablement, et lie de telle manière que les rudiments de pousses, faute de pouvoir se développer aisément, se tortillent, s'ils ne meurent à la peine.

LA TAILLE VERTE, EN GÉNÉRAL.

La taille verte est un mal nécessaire et même indispensable. Pourquoi cela ?

En premier lieu, c'est parce que priver le cep d'une partie des feuilles qui, au moyen des gaz qu'elles tirent de l'atmosphère, perfectionnent la séve aspirée dans le sol par les racines, est plus ou moins l'affaiblir.

En second lieu, c'est parce que laisser intact tout son bois herbacé et ne le priver d'aucune feuille, sont lui faire produire beaucoup plus de bois que de *fruit*, empêcher son raisin de mûrir aisément, et l'exposer à des *ma*ladies plus ou moins graves.

C'est surtout à la vigne *vigoureuse* que la taille verte est nécessaire.

En effet, dans la vigne vigoureuse qui n'est pas soumise à la taille en vert, la séve, en affluant avec trop d'abondance et de fougue dans la pousse, fait couler le fruit.

La vigne gagne au moins autant à la taille verte qu'à la taille sèche.

Bien conduite, elle fait des plaies qui se cicatrisent aisément.

Judicieuse, elle peut augmenter de beaucoup les produits de la vigne, non seulement pour l'année où elle a lieu, mais encore pour l'année qui suivra.

N'ôtant à la vigne ni assez de bois herbacé ni assez de feuilles, elle ne l'aère pas assez, ne permet pas assez à la lumière de pénétrer dans sa charpente, et ne prévient pas assez la coulure de la grappe et la brûlure de la feuille.

Otant à la vigne trop de bois herbacé et trop de feuilles, elle provoque la brûlure de la feuille, et arrête le bois dans son accroissement en diamètre.

On voit, dès lors, qu'elle doit être pratiquée dans la plus juste mesure, pour être avantageuse.

En effet, les pousses doivent tantôt rester intactes, tantôt être plus ou moins raccourcies, tantôt être privées d'une partie de leurs feuilles, et tantôt être entièrement supprimées.

Supprimant entièrement ou en partie ce qui est nuisible au fruit, ce qui est inutile à la taille sèche de l'an suivant, toute pousse sortie du vieux bois et tout drageon, la taille verte consiste :

A pincer,
A ébourgeonner,
A rogner,
A épamprer,
A effeuiller,
A m oucher les longues grappes fournies par certains cépages.
A débarrasser, par le ciselage, les grappes de leurs grains les plus petits,
A supprimer les grappes en excès.

Dans les vignes à ceps suffisamment espacés, la taille verte est facile, en ce que le travailleur y est libre de tous ses mouvements.

Dans les vignes à ceps insuffisamment espacés, la taille verte est difficile, en ce que le travailleur risque, à chaque instant, de rompre les pousses sur lesquelles la taille sèche de l'an suivant doit être assise, ou qui sont fructifères.

Pour la taille verte, ayons égard à nombre de choses qui sont principalement la nature du sol, le climat, l'exposition, la saison de végétation, le degré d'espacement des ceps, le cépage, la constitution du cep, et le genre de taille sèche appliquée à la vigne.

Pour voir la taille verte faire des blessures de cicatrisation facile, taillons, au lieu d'arracher ou de rompre.

Dans le même but, ne taillons pas, s'il est possible, par un soleil ardent.

Par suite, taillons soit par un temps humide, soit par un temps couvert, soit deux ou trois jours après des pluies battantes ou prolongées.

Selon les uns, entrer dans une vigne en floraison, pour s'y livrer à la taille verte, est risquer, en faisant tomber le pollen dont les fleurs viennent d'être couvertes, de nuire à la fécondation, et, dès lors, de provoquer la coulure.

Selon les autres, dont nous ne partageons pas l'avis, cela peut, en faisant tomber le pollen sur les fleurs qui ne l'ont pas reçu, les féconder.

Les ennemis les plus ardents des tailles vertes les plus avantageuses sont, pour la plupart, les praticiens trop nombreux qui ne les ont jamais pratiquées, qui n'en ont pas essayé assez judicieusement, ou qui n'ont pas lu l'apologie si lumineusement raisonnée qu'en fait, dans son grand ouvrage, le docteur Jules Guyot.

LE PINCEMENT DE LA POUSSE.

Disons d'abord que ceux-là se trompent étrangement qui croient que pincer une pousse est la rendre plus grosse.

En effet, quand une pousse très grosse a été émise par une des branches charpentières du poirier, par exemple, c'est pour l'empêcher de devenir un gourmand, c'est-à-dire de grossir démesurément, qu'on la pince avec sévérité.

Pincer est supprimer avec le pouce et l'index la petite cime qui est située, sur la pousse, au-dessus de la plus haute feuille qu'on veut laisser.

Le pincement fait refluer la séve sur tout ce qui est au-dessous de lui.

Dès lors, empêchant la séve de ne guère tendre qu'à faire croître la pousse en diamètre et en longueur, il force ce liquide nourricier à profiter au fruit.

Le pincement a lieu en même temps que l'ébourgeonnement, c'est-à-dire d'avril à la mi-mai, avant la floraison.

Pincer après la floraison, dit le docteur Jules Guyot, est susciter l'émission d'une repousse qui absorbe une partie de la séve nécessaire à la grappe.

La hauteur à laquelle il faut pincer est subordonnée à nombre de choses qui sont principalement le sol, le climat, l'exposition, la saison, le degré d'espacement des ceps, la constitution du cep et le genre de taille sèche appliqué à la vigne.

On ne pince pas, ou l'on ne pince que lors de l'opération du rognage, les pousses destinées par la taille longue à servir de tire-sève.

La raison en est que l'an suivant cette pousse, devenue sarment, devra être assez longue pour être employée comme branche à fruit.

Plus on pince court, moins le cep a de feuilles, et, dès lors, plus dans nos contrées méridionales on retarde la maturation du raisin.

Plus on pince court, moins le cep a de feuilles, et, dès lors, plus dans nos contrées non méridionales on favorise la maturation du raisin.

En conséquence, il faut, sans tomber dans l'excès, plus sévèrement pincer dans le nord que dans le midi.

On pince à une feuille, à deux feuilles, à trois feuilles, et parfois à quatre feuilles au-dessus de leur dernière grappe les pousses fructifères.

Dans nos contrées méridionales, pincer à une feuille au-dessus de la dernière grappe est pincer avec une sévérité excessive

Dans nos contrées méridionales, pincer à deux feuilles au-dessus de la dernière grappe est pincer sévèrement.

Dans nos contrées méridionales, pincer à trois et surtout à quatre feuilles au-dessus de la dernière grappe est pincer convenablement.

Dans nos contrées chaudes, sans l'être autant que nos contrées méridionales, pincer à deux feuilles au-dessus de la dernière grappe est le meilleur.

Dans nos contrées les moins chaudes, pincer à une feuille au-dessus de la dernière grappe est le meilleur, là où le sol est frais.

Le mieux, sur un sol maigre et sur un cep faible, est de ne pas pincer sévèrement, c'est-à-dire, à une feuille dans le nord, et à deux feuilles dans le midi.

Sur un bon sol, nous pouvons pincer deux fois.

Sur un sol fertile et profond, nous pouvons pincer trois fois, surtout s'il est frais, en ce qu'un sol de cette nature suscite une végétation active et luxuriante.

Sur un sol maigre et très peu profond, ne pinçons qu'une fois.

La vigne à pincer le moins sévèrement et le moins souvent est celle qui est soumise au provignage, à la taille trop courte ou à la taille à trop peu de coursons.

La raison en est qu'elle est la plus faible.

Ne pas pincer est exposer la grappe à la coulure.

Pincer trop tard est exposer feuilles et fruits à la brûlure.

Les pousses les plus grosses sont celles qu'il importe le plus de pincer.

Quand nous reconnaissons avoir pincé trop court, laissons pousser, sans le pincer, l'entrefeuille né immédiatement au-dessous du pincement.

C'est une prescription qui s'applique surtout à la vigne non échalassée qui, disposée en gobelet, est tenue très bas.

La vigne qui, chaque année, est pincée très court, est celle qui a le plus besoin d'être terrée et fumée.

La raison en est qu'un pincement sévère de toutes ses pousses fructifères l'affaiblit.

Là surtout où la vigne est pincée à une feuille seulement au-dessus de la dernière feuille, il faut pincer à deux feuilles ses entrefeuilles pour ne pas trop l'affaiblir.

Réduire, par le pincement, à une longueur d'un centimètre, la vrille qui accompagne la grappe est, selon M. Fleury-Lacoste, empêcher cette production d'absorber trop de sève, prévenir la coulure et favoriser l'accroissement du raisin.

Le pincement, comme on le voit, exige tant d'esprit d'observation, que l'ouvrier chargé d'y procéder doit être constamment dirigé ou surveillé par le maître.

En effet, en la matière, il y a à la règle une multitude d'exceptions.

L'ÉBOURGEONNEMENT.

Ebourgeonner est ôter au cep toutes ses pousses inutiles.

Par suite, ébourgeonner est permettre à l'air et au soleil de pénétrer dans toute la charpente du cep, soit pour activer la maturation du fruit, soit pour rendre plus facile l'aoûtage des pousses sur lesquelles la taille de l'an suivant devra être assise.

Qui n'ébourgeonne pas est privé de tout sens.

En effet, l'ébourgeonnement force la sève à se porter dans les grappes.

L'ébourgeonnement doit avoir lieu d'avril à la mi-mai, avant la floraison.

La raison en est qu'ébourgeonner immédiatement ou presque immédiatement après la floraison est forcer la sève à refluer vers la grappe et à provoquer ainsi la coulure.

Ebourgeonnant, prenons garde de rompre ou de froisser les pousses destinées à être conservées.

Ebourgeonnant, soutenons les plus longues de ces pousses avec de la paille, avec du jonc ou avec des brins très flexibles de saule.

La raison en est que, plus tard, elles pourraient fléchir sous le poids de leur feuillage, et que, tombant, non seulement elles produiraient trop d'encombrement dans la vigne, mais encore se trouveraient dans une position défavorable à la production du bois.

Ebourgeonnant, supprimons les pousses qui, sorties du vieux bois, ne sont pas destinées soit à remplir un vide, soit à remplacer la souche, après recépage de celle-ci.

La raison en est qu'elles ne donnent guère avant leur troisième feuille des preuves de fertilité, et que, dès lors, elles absorbent une sève dont le fruit a besoin pour bien se comporter.

Ebourgeonnant, supprimons, sur le cep très fructifère, les pousses grêles qui ont émis des grappillons.

La raison en est que la sève qu'elles recevaient se portera dans les grappes conservées.

Ebourgeonnant, supprimons, sur le cep très fructifère, les pousses fructifères issues de sous-yeux.

La raison en est qu'elles sont encombrantes, et qu'elles nuisent à l'avenir de la pousse émise par l'œil principal.

C'est surtout à la vigne qui croît dans un sol soit frais, soit fertile et profond, soit de fertilité et de profondeur moyennes, que l'ébourgeonnement est utile.

La raison en est que c'est dans un sol de cette nature que la vigne végète avec le plus de force.

Par suite, c'est à la vigne qui croît dans un sol maigre, sec et peu profond que l'ébourgeonnement est le moins utile.

Dans nos contrées non méridionales les moins chaudes, l'ébourgeonnement est indispensable.

Dans nos contrées non méridionales les plus chaudes, l'ébourgeonnement est ici nécessaire, et là simplement utile.

C'est dans nos contrées méridionales que l'ébourgeonnement est le moins nécessaire.

La raison en est que, sous le climat chaud, il faut à la vigne, dans l'intérêt de son fruit et de la conservation de sa vigueur, plus de bois herbacé que sous le climat tempéré.

En conséquence, ébourgeonnons, dans nos contrées méridionales, avec plus de réserve que dans nos contrées non méridionales.

Dans nos contrées méridionales, n'ébourgeonnons presque pas, et dans nos contrées non méridionales, ébourgeonnons avec réserve, surtout là où le sol est très maigre et très peu profond, la vigne soumise à la plus restreinte des tailles.

LE ROGNAGE.

Rogner est ôter aux pousses leur excès de longeur.

Le rognage doit être accompagné d'un nouvel ébourgeonnement.

La raison en est que quand vient le moment de rogner, le vieux bois a craché de nouveaux gourmands.

Rogner est rendre la vigne fertile.

La raison en est que le rognage fait refluer la séve dans le bois à conserver pour la taille sèche de l'an suivant.

Rogner, dit le docteur Jules Guyot, est empêcher une évaporation excessive des feuilles supérieures de faire tomber les feuilles inférieures.

Rogner est empêcher le raisin de couler et la partie supérieure des pousses de devenir malade.

Rogner est empêcher le raisin d'être atteint de brûlure.

Rogner est empêcher la feuille d'être atteinte soit de brûlure, soit de jaunissement.

Rogner est empêcher le feuillage des pousses de trop ombrager et de trop priver d'air le raisin.

Par suite, rogner est prévenir l'oïdium.

Rognons avec le fer plutôt qu'avec la main.

On doit, dit le docteur Jules Guyot, rogner à au moins un mètre de la souche.

Il est prudent de ne rogner que quand le raisin est noué.

En effet, rogner pendant la floraison est troubler la vigne dans son travail de parturition.

En conséquence, on doit rogner de la mi-juin à la mi-juillet.

Quand le temps est à la sécheresse extrême et prolongée, ne rognons pas.

La raison en est que ce serait exposer la feuille et le raisin à la brûlure.

Ne rognons pas ou rognons très-peu les pousses destinées à servir de tire-sève ou de branches de remplacement à la taille longue.

Quand nous jugeons à propos de rogner un peu les pousses destinées par la taille longue à servir de tire-sève ou de branches de remplacement, laissons, pour tire-sève, l'entre-feuille le plus haut.

En rognant, laissons jusqu'à deux feuilles aux entrefeuilles.

La raison en est que supprimer entièrement ces pousses anticipées serait faire partir immédiatemment trop d'yeux destinés par la nature à n'émettre une pousse que l'an suivant.

Au lieu de rogner une pousse, la casser aux trois quarts n'est ni remédier à l'encombrement dont le fruit souffre, ni empêcher la sève de s'en aller dans la partie pendante de la pousse.

En rognant, soyons, dans nos contrées non méridionales, sans pitié pour les gourmands, et, si, dans nos contrées méridionales nous craignons de les sacrifier entièrement, rognons-les très bas.

En rognant, extirpons tous les drageons.

La raison en est qu'ils affament le système aérien du cep.

C'est surtout là où le sol est exposé à être très-vite desséché par la chaleur qu'il faut rogner.

En effet, dans ces sols, les racines ne tardent pas à n'avoir plus assez d'eau de végétation à aspirer pour la nutrition d'un système aérien herbacé considérable.

Plus le sol est, soit frais, soit fertile et profond, et plus le cep est vigoureux, moins il y a inconvénient à rogner haut.

La raison en est que, dans un sol soit frais, soit fertile et profond, les racines ont toujours assez d'eau de végétation à aspirer.

Dans nos contrées méridionales elles-mêmes, le rognage est une bonne chose dont, par malheur, on se refuse généralement à reconnaître l'utilité, sous ce prétexte que le raisin a besoin d'être protégé par beaucoup de feuilles contre l'ardeur du soleil.

Rogner est, comme on le voit, une besogne à ne pas confier au premier ouvrier venu.

L'ÉPAMPRAGE.

L'épamprage est, dans son acception la plus simple, une suppression de pampres inutiles.

Pris dans son acception la plus étendue, il consiste dans la suppression entière des entrefeuilles et des gourmands qui ont été précédemment rognés ou qui se sont émis après le rognage.

Il sacrifie le bois herbacé inutile qui dérobe les raisins à l'action de l'air, du soleil et de la rosée.

Il concentre la sève sur le raisin, et arrête ainsi la coulure, maladie qui provient de ce que, dans un sol desséché par la chaleur, les racines n'aspirent plus assez d'eau de végétation.

L'épamprage prévient aussi la brûlure de la feuille et celle du raisin, qui proviennent du manque de sève, et il a ceci de remarquablement avantageux qu'il assure la réussite du soufrage.

L'épamprage ne doit avoir lieu qu'environ quinze jours avant la vendange.

En épamprant, il faut avoir le plus grand soin de couper, au lieu d'arracher.

Il faut épamprer par un temps humide ou couvert plutôt que par une chaleur extrême.

C'est surtout dans les années pluvieuses, sur les sols frais, dans nos contrées non méridionales, et sur les ceps à très-épais feuillage, qu'il est indispensable d'épamprer.

Sur un sol maigre et très-peu profond, nous pouvons, surtout si le climat est brûlant, nous abstenir d'épamprer.

Dans le chapitre suivant, nous parlerons de l'effeuillage, qui a lieu en même temps que l'épamprage.

L'EFFEUILLAGE.

L'effeuillage, comme nous l'avons dit dans le chapitre précédent, a lieu en même temps que l'épamprage, c'est-à-dire, environ quinze jours avant la vendange.

Il est une des excellentes pratiques dont il importe le plus de ne pas abuser.

Fait sans discernement, il nuit aux yeux dont on attend du fruit pour l'an suivant, en ce que, privé de sa nourrice la feuille, l'œil ne peut devenir fertile.

Fait sans discernement, il nuit à la maturation du raisin, et la raison en est que, à partir du moment où on lui ôte la plupart de ses feuilles, la vigne cesse de pouvoir mûrir assez son fruit.

Fait avec discernement, il expose le raisin à l'action de l'air et du soleil, et, dès lors, en active la maturation.

Dans nos contrées non méridionales, l'effeuillage est non-seulement utile, mais encore indispensable.

Dans nos contrées méridionales, dit un grand maître, le raisin abrité par une feuille passe pour être le meilleur.

Dès lors, dans ces contrées, on doit, en essayant l'effeuillage, respecter la feuille qu'on dit être sur le fruit, d'un si heureux effet.

Quel que soit le climat, n'effeuillons pas le cep trop faible soumis, là où le sol est maigre, sec et très-peu profond, à la plus restreinte des tailles.

Effeuillons les vignes à larges feuilles.

N'effeuillons pas les vignes à feuilles rares.

Effeuillons plus sur sol frais que sur sol sec.

En effeuillant, ne touchons pas aux feuilles qui nourrissent des yeux sur lesquels la taille de l'an suivant sera assise.

Si nous soumettons ces feuilles à l'effeuillage, laissons-leur, pour que l'œil qu'elles nourrissent ne soit pas infertile, le tiers de leur disque.

Enfin, gardons-nous d'effeuiller trop tôt, en ce que effeuiller rop tôt est suspendre à l'excès la végétation, dont les feuilles, comme nous l'avons souvent dit, sont des agents si actifs et si puissants.

LE MOUCHAGE.

Le mouchage est, sur le fruit de certains cépages à grappes longues, du plus heureux effet.
Il consiste à supprimer l'extrémité de la grappe.
Il fait devenir les grappes beaucoup plus belles qu'elles ne l'auraint été si elles étaient restées intactes.

LE CISELAGE.

Le ciselage n'est pratiqué que par l'horticulture.
Malgré le surcroît de travail auquel il oblige le viticulteur, il est une opération très-rémunératrice.
Il débarrasse la grappe de tous ceux de ses grains qui ne sont pas assez gros, et de toutes celles de ses ramifications qui laissent à désirer.
Aussi ces suppressions ont-elles pour effet de faire acquérir aux grains conservés un très-gros volume, et à la grappe une forme magnifique.
Avant de procéder au ciselage, on décharge le cep de ses grappes les moins belles, et, par l'effeuillage, on met le soleil à même de dorer le raisin.
Le ciselage a lieu quand les grains de la grappe ont acquis du tiers à la moitié de leur développement.
On y procède au moyen de ciseaux étroits, et à lame un peu arrondie au bout.
Sans lui, le chasselas si réputé de Thomery et de Fontainebleau serait infiniment moins beau et moins demandé qu'il ne l'est.
Pourquoi donc, puisque le ciselage est une excellente chose, ne cisèle-t-on pas, ailleurs que dans ces deux localités, le raisin de treille ?

LA SUPPRESSION DES GRAPPES EN EXCÈS.

La suppression des grappes en excès constitue une taille verte de la plus grande utilité, car si la vigne mène à bien beaucoup de fruit, elle n'en porte pas impunément une excessive quantité.
Elle concentre la sève dans les grappes conservées, en augmente le volume et les rend très belles.
De plus, elle hâte la maturation du raisin.
Les bons calculateurs gagnent beaucoup à la pratiquer.
Par malheur, les bons calculateurs sont rares, et l'amour immodéré du fruit est si puissant que la plupart de ceux qui approuvent le plus la suppression des grappes en excès n'ont pas le courage de se résoudre à en essayer.
Ainsi donc, quand on taille, on a généralement l'imprévoyance

d'ôter au cep le plus possible d'yeux, et, quand, plus tard, le cep semble devoir plier sous la récolte, on est plein de respect pour le plus petit et le plus maigre des grappillons.

L'INCISION ANNULAIRE SUR BOIS FAIT.

Nous disons sur bois fait, en ce que l'incision annulaire sur bois herbacé suscite peu, si elle le suscite, l'accroissement en volume des grains de la grappe.

Les uns approuvant, et les autres n'approuvant pas l'incision annulaire, nous avons voulu, pour pouvoir la juger en connaissance de cause, la pratiquer pendant plusieurs années consécutives, à diverses époques.

Elle consiste dans l'enlèvement d'une bande d'écorce de deux ou trois millimètres de largeur.

Elle doit avoir lieu un peu avant ou aussitôt après la fleur.

En effet, ayant lieu longtemps après la fleur, elle suscite surtout en année humide, un raisin qui, malgré son apparence de maturité hâtive et sa beauté, est immangeable.

Supposons-la, ici, pratiquée un peu avant ou aussitôt après la fleur.

Elle prévient la coulure, et la raison en est qu'elle empêche la sève d'affluer dans chaque pousse fructifère avec une fougue assez grande pour contraindre la pousse à ne faire que du bois.

Par le même motif, elle met à fruit, pour l'an suivant, le cep qui, malgré sa vigueur et son âge, n'a pu encore fructifier.

Elle fait grossir le fruit.

Enfin elle hâte de plusieurs jours la maturation du raisin.

Cependant si, quoique pratiquée un peu avant ou un peu après la fleur, elle enlève au bois un anneau d'écorce de plus ou de beaucoup plus de trois millimètres de largeur, elle rend le raisin, immangeable ou cause la mort du bois situé au-dessus d'elle.

La raison en est que le bourrelet de cicatrisation, dans le premier cas, a trop tardé à recouvrir la plaie, et, dans le second cas, n'a pu se former.

Quand il s'agit de mettre tout le cep à fruit pour l'an suivant, on pratique l'incision annulaire vers le bas de la souche, ce qui, pour longtemps, empêche de grossir le bois situé au-dessous de la plaie, et ce qui oblige, pour presque toute l'année, le bois situé au-dessus de la plaie à grossir démesurément.

La raison en est que jusqu'à cicatrisation complète, l'incision annulaire arrête la sève descendante renfermée dans le bois situé au-dessus de la plaie.

Quand il s'agit de faire acquérir un gros volume aux grains de raisin d'un bras plus ou moins long, on pratique l'incision annulaire vers l'origine de ce bras qui, dès lors, se comporte de la même manière que le cep incisé vers le bas de la souche.

Décrire ces deux modes d'incision annulaire et en faire connaître l'effet équivalent à dire qu'ils nuisent à l'avenir du cep ou du bras.

Quand il s'agit de faire acquérir un gros volume aux grains de raisin d'un courson, on pratique l'incision annulaire à un centimètre au-dessous de la première grappe.

Décrire ce mode d'incision annulaire est faire deviner qu'il ne vaut pas mieux que les deux précédents.

En effet, comme eux, il immobilise pour très-longtemps la sève descendante renfermée dans le bois situé au-dessus de la plaie, et, dès lors, faisant trop grossir celui-ci, empêche de grossir le bois situé au-dessous de la plaie.

Bien que rendant très-gros le grain du raisin, l'incision annulaire ne peut faire d'une petite grappe une grosse grappe.

Pratiquée dans nos contrées non-méridionales, en une saison de végétation humide et froide, l'incision annulaire suscite un fruit acide ou une maturation plus apparente que réelle.

En conséquence, dans la culture soit petite soit grande, ne recourons pas aux modes d'incision annulaire dont il s'agit.

Nous disons dont il s'agit, en ce que, plus loin, nous parlerons d'un mode très-avantageux d'incision annulaire.

Au reste, comme, depuis un siècle, l'incision annulaire que nous désapprouvons est parfois glorifiée, et comme, dès lors, on en essaie de temps en temps, il est probable que si elle avait donné des résultats satisfaisants, elle serait aujourd'hui en honneur dans nombre de contrées.

Puisqu'il en est ainsi, pourra-t-on dire, remplacez-la par l'étranglement.

L'étranglement, répondrons-nous, serait presque du même effet, et, d'ailleurs, serait beaucoup plus long à pratiquer.

Maintenant, pourquoi, pratiquée trop tard, pourquoi pratiquée en année humide, et pourquoi pratiquée avec l'enlèvement d'une trop large bande d'écorce, l'incision annulaire suscite-t-elle un raisin peu sucré et parfois immangeable ?

C'est, croyons-nous, parce que l'immobilisation de la sève descendant au-dessus de la plaie empêche le raisin de pouvoir assez tôt convertir son principe acide en principe sucré.

Quant à l'incision annulaire simple et pratiquée à environ un centimètre au-delà du point de départ du courson, elle force moins que la précédente le bois situé au-dessus de la plaie à plus grossir que le bois situé au-dessous de la plaie.

La raison en est que, n'enlevant pas au courson une bande d'écorce, elle lui fait une plaie qui se cicatrise assez vite, et que ne vient pas recouvrir un trop gros bourrelet.

Or, dès qu'il y a cicatrisation entière et sans formation d'un trop gros bourrelet, il y a retour presque complet d'un mouvement régulier d'ascension et de descente de la sève.

Elle est d'effet d'autant meilleur qu'elle a lieu un peu avant ou immédiatement après la fleur.

On la pratique avec un instrument spécial qui, sans entamer le bois, opère très-vite.

Elle rend toujours le fruit plus gros, meilleur et de maturation plus prompte, sans trop nuire à l'avenir du courson sur lequel elle a été pratiquée.

Bien qu'en ayant constaté les bons effets, M. Fleury-Lacoste ne la préfère pas, comme moyen d'obtenir une abondante et belle récolte, à la taille tardive accompagnée d'une taille généreuse, et suivie du pincement de la vrille de la grappe.

LA MATURATION DU RAISIN.

Dans nos contrées méridionales, la plupart des cépages, au rebours de ce qui a lieu dans nos contrées non méridionales, mûrissent, chaque année, suffisamment leur fruit.

En conséquence, dans nos contrées non méridionales, ne cultivons que les cépages dont les produits mûrissent d'assez bonne heure.

La maturation du raisin est activée par bien des choses dont les principales sont :

Un climat chaud sans l'être trop,
Une exposition chaude sans l'être trop,
Un sol riche en potasse,
Un sol pourvu de calcaire,
Un sol frais drainé,
Un sol soumis à un bon terrage,
Un sol modérément au lieu de copieusement fumé.
Un sol fortement coloré,
Un sol en pente,
Un sol convexe,
Un sol abrité contre les vents violents,
Un sol léger sans l'être trop,
Un sol de consistance moyenne,
Des façons opportunes,
Une taille sèche judicieuse,
Des tailles vertes judicieuses,
Le palissage contre un mur,
Un lieu sans herbe et sans ombrage,
Le soufrage des pousses.

Pratiqué un mois avant l'époque présumée de la vendange, le déchaussement du cep hâte aussi la maturation du raisin.

C'est une espèce de culture forcée que beaucoup approuvent, mais que nous trouvons, quant à nous, défavorable au bois.

En effet, chaque année faire passer, pour au moins un mois, une partie du système radiculaire de la vie souterraine à la vie aérienne, pour laquelle il n'est pas né, nous semble constituer une pratique irrationnelle, et, dès lors, affaiblir le cep.

Un raisin n'est pas mûr, s'il n'est pas savoureux.

Le lieu où débute la maturité du raisin est le voisinage de la queue de la grappe.

Quand, dit M. Fleury-Lacoste, le raisin entre en maturité, il se produit successivement, sur les grains avoisinant le pédoncule, et au centre de la grappe, différentes excrétions cireuses appelées vernis.

Or, ajoute cet éminent viticulteur, voyant ce brillant, on peut espérer que, plusieurs jours après, le raisin sera mûr.

Quand le raisin noir mêle, il a, si la saison n'est pas trop avancée, bientôt fait de mûrir.

Quand juillet et août sont très-chauds, les entrefeuilles qu'on a négligé de pincer et de rogner ont des grappes qui, si septembre et octobre sont favorables, peuvent, dans nos contrées les moins chaudes, parvenir à la maturité, mais qui souvent s'oïdient.

Pour ne pas trop fatiguer la vigne, nous sacrifions, quant à nous, les grappes ou plutôt les grappillons de l'espèce.

Il n'y a rien de bon à espérer du raisin atteint de brûlure.

Quand la feuille est atteinte de brûlure, ne nous attendons pas à voir le raisin mûrir.

La raison en est qu'il y a, dès lors, arrêt de sève dans le cep.

Cependant une sève fougueuse retarde la maturation du fruit.

La raison en est qu'elle n'est guère occupée qu'à faire du bois.

C'est le raisin des vignes basses qui mûrira le premier, et qui, par suite, sera le meilleur.

La raison en est que, frappé en dessus par la chaleur du soleil, il l'est en dessous par celle du sol, grâce à laquelle la maturation continue d'avoir lieu après le coucher du soleil.

C'est le raisin des hautains qui mûrira le dernier.

La raison principale en est que la chaleur absorbée de jour par la terre, et rendue par elle, pendant la nuit, à l'air ne parvient presque pas jusqu'au raisin.

Donc, si, dans nos contrées les moins chaudes, la treille adossée à un mur exposé au midi mûrit très-bien son fruit le plus élevé au-dessus du sol, c'est parce qu'elle reçoit du mur beaucoup de chaleur.

La vigne en foule mûrit d'ordinaire son fruit un peu plus tôt que ne le fait la vigne en ligne.

La raison en est qu'à cause de la faiblesse résultant pour elle de ce que les ceps dont elle est formée sont provignés ou taillés très-courts, la sève circule dans les canaux séveux de ces ceps avec une lenteur favorable à la maturation du fruit.

Certaines variétés de raisin, de nos contrées méridionales, ne mûrissent pas, à quelques degrés plus au nord.

A une certaine altitude, les cépages les plus précoces ne peuvent mûrir leur fruit.

La raison en est d'abord que, pendant le cours de la saison de végétation, ils ne reçoivent pas une somme suffisante de chaleur.

La raison en est ensuite que le cep est agité par des vents à la fois trop violents et trop froids.

Certaines variétés de raisins finissent par perdre, là où elles ont été transportées, la précocité qui, dans leur lieu d'origine, les avait mises en faveur.

La raison en est, croyons-nous, qu'il manque au lieu de trans-plantation, une partie de ce qui, dans le lieu d'origine, causait leur précocité.

LE BAN DE VENDANGE.

Le ban de vendange est un abus contre lequel on ne peut trop s'élever, et que, s'il l'avait pu, le législateur, obligé de compter avec des habitudes invétérées, aurait supprimé, il y a longtemps.

Il nous force à récolter soit par le plus défavorable des temps, soit quand nous avons à vaquer à d'autres travaux.

Il fixe souvent, pour la vendange, une époque où le raisin n'est pas mûr.

Là où il n'y a que des cépages tardifs, il nous empêche d'en planter de hâtifs.

A partir du jour fixé pour la récolte, il oblige tout le monde à se mettre à cueillir le raisin, et, dès lors, ne se procure pas qui veut le nombre nécessaire de journaliers.

L'ÉGRAPPILLAGE.

Quand on en a fini avec le ban de vendange, on a affaire à l'égrappillage.

L'usage du droit d'égrappillage empêche le propriétaire de laisser dans sa vigne, pour le récolter plus tard, le raisin qui n'est pas mûr.

Là où règne cet usage, chacun a le même droit que nous à la récolte.

Aussi notre vigne est-elle remplie de pillards qui, en y courant, rompent échalas, sarments et ceps.

Là où il y a ban de vendange et égrappillage, heureux ceux qui ont composé leurs vignes de cépages entrant ensemble en fleur, et mûrissant en même temps leur fruit!

Heureux surtout sont ceux qui ont des vignes closes!

LA VENDANGE.

Vendanger avant la maturité est gâter le vin.

Là où il n'y a ni ban de vendange, ni usage du droit d'égrappillage, ne cueillons que bien mûr le raisin du jeune provin ou de la très-jeune vigne.

La raison en est que, trop tôt récolté, il donne une âpreté excessive au vin.

Point de maturité, point de sucre dans le vin.

Or, un vin sans assez de sucre est le moins généreux des vins.

Dès lors, récoltons les derniers plutôt que les premiers.

C'est blettis par le froid, dit le docteur Jules Guyot, qu'on récolte les raisins blancs auxquels on doit, à Sauterne, les vins les plus distingués.

Le raisin qu'on fait mûrir sur la paille, ajoute cet éminent professeur, est toujours inférieur à celui qui mûrit sur le cep.

Quiconque, à l'approche de la vendange, n'a pas couru la surveiller, ne doit se plaindre ni de la mauvaise qualité de son vin, ni du bas prix qu'on lui en offre.

En effet, il serait la principale cause de ce dont il se plaindrait.

Une abondante récolte, et de plus un bon vin, voilà ce que le vigneron présente au propriétaire éclairé qui, tout en l'instruisant, l'intéresse assez à la production.

Autant que possible, ne vendangeons ni par la pluie, ni par la rosée.

La raison en est que la moindre quantité d'eau ôte beaucoup de sa qualité au vin.

Autant que possible, ne vendangeons pas par un temps froid.

La raison en est que le temps le plus chaud ou le plus doux est celui qui perfectionne le plus le raisin cueilli.

Aux raisins très-sucrés, ne mêlons pas les raisins verts.

Ne mettons pas ensemble les raisins de plus de deux ou de plus de trois cépages, et, dans ce cas, visons à ce que ces cépages se complètent les uns les autres.

La raison en est qu'il arrive souvent au vin d'un cépage de gâter le vin obtenu d'un autre cépage.

Là où, dit le docteur Jules Guyot, le raisin donne un vin très-dur, très-astringent et très-alcoolique, l'égrappage est nécessaire.

La raison en est que l'égrappage empêche le vin de renfermer trop de tannin.

Là où le contraire a lieu, rendons le vin de garde, en nous abstenant d'égrapper.

En somme, tels seront, pendant la vendange, le temps et les soins, tel sera notre vin.

LA CONSERVATION DU RAISIN.

Le raisin soit de table, soit de vigne est une douceur à tâcher de conserver le plus longtemps possible, et, par exemple, jusqu'en avril ou jusqu'en mai.

Voici les principaux moyens à employer à cet effet :

Dans un local non accessible à l'air, sans lumière, sans humidité, abrité contre une gelée intense, et non chauffé, on suspend le raisin de telle manière que les grappes ne se touchent pas.

Ainsi logé et disposé, il reste assez longtemps bon à manger, mais ne tarde pas à se rider et à perdre beaucoup de son volume.

On le met dans du son.

Par malheur, cette substance, si elle renferme beaucoup de gluten, le fait bientôt entrer en fermentation, et en cause ainsi l'entrée en décomposition.

On le met dans de la sciure de bois.

Or, cette substance, si elle est formée de grains gros et non entièrement secs, le rend accessible à l'air, ou lui communique son humidité.

On le met dans une caisse, au milieu de rognures de papier.

Ainsi logé, il se conserve assez aisément jusqu'au commencement de janvier.

On le met dans une caisse à couvercle, entre deux feuilles d'ouate ou simplement dans un tiroir de commode, et, cela fait, on ferme la caisse ou le tiroir.

Ainsi logé, il se conserve aisément jusqu'au commencement de février.

On met du charbon pulvérisé dans une bouteille ; on rempli d'eau la bouteille ; on cueille une pousse fructifère à laquelle on conserve ses feuilles, et mesurant, sous la grappe, de quinze à vingt centimètres ; on introduit la pousse dans la bouteille, jusqu'à ce que la grappe repose sur le goulot ; on dépose la bouteille dans une caisse à couvercle, et enfin on ferme la caisse.

Ainsi logé, le raisin se conserve magnifique jusqu'en fin de janvier, d'assez belle apparence jusqu'à la mi-mars, et mangeable jusqu'au commencement de mai.

Pour plus de chance de réussite, beaucoup enduisent de mastic horticole ou de cire les deux extrémités de la pousse.

C'est un moyen dont nous avons essayé pendant trois années consécutives, sans obtenir un résultat meilleur que quand nous ne couvrons d'aucun enduit les deux extrémités de la pousse.

En effet, l'eau suffit pour prolonger de plusieurs mois la vie de la partie immergée de la pousse, et rien n'est capable d'assurer la continuation du mouvement de la sève dans l'onglet situé au-dessus du lieu d'insertion de la grappe.

Il y a des variétés de raisins qui peuvent se conserver beaucoup plus longtemps que d'autres.

D'un autre côté, le raisin le plus mûr est celui qui se conserve le moins longtemps.

Nous cueillons, quant à nous, par un temps sec, et au moment du coucher du soleil, des raisins à grains dont la fermeté indique qu'ils n'ont pas encore parcouru le cercle entier de leur maturation, et cela fait, nous recourons au mode de conservation qui nous semble le meilleur.

Or, le mode le meilleur est celui qui prolonge le plus longtemps la vie de l'axe et des ramifications de la grappe.

Le raisin qui se conserve le plus longtemps est celui de la vigne qui occupe un sol argileux ou qui n'est pas exposée au midi.

La raison en est qu'il est celui qui mûrit le plus tard.

MALADIES DE LA VIGNE.

D'ordinaire, on attribue l'état maladif ou la mort de la vigne et la non réussite de ses fruits à la nature du sol, à son mauvais état, à de mauvaises façons, à une taille trop courte, à une taille trop longue, à une taille trop hâtive, à une taille trop tardive, au défaut de taille en vert, à un espacement insuffisant des ceps, au trop de fruit, à une température défavorable, etc.

Eh bien ! à cet endroit on se trompe souvent, comme on peut en juger par les principaux faits et gestes des petits ennemis animés des végétaux.

En effet, ces petits ennemis, dont beaucoup sont à peine visibles ou savent se rendre à peu près invisibles, mangent la feuille, la roulent en cigarette, la couvrent de fils, y répandent une liqueur corrosive, en aspirent la sève, en bouchent les pores avec un enduit visqueux, ou, pour y loger leurs œufs, la piquent de leur dard.

Ils enfoncent leurs pinces dans les pousses pour s'y cramponner ou pour s'en nourrir.

Ils piquent les pousses pour y loger leur postérité, pour s'en nourrir ou pour en boire la sève.

Dans le même but, ils piquent le bois et y suscitent ainsi des loupes parfois très grosses

Ils détruisent la moelle, et pondent leurs œufs dans le vide qu'ils y ont fait.

Au moyen de leurs anneaux d'œufs, ils compriment les canaux séveux des pousses.

Ils se casent dans les trous et dans les fissures du bois, pour le ronger.

Enfin ils font d'une partie du système souterrain de la vigne ce qu'ils font de son système aérien, et, par exemple, ils en scient, en coupent, en trouent ou en rongent les racines.

Au reste, les arbres de la forêt peuvent nous servir ici de preuve du mal qu'ils font au règne végétal.

Grâce à ce qu'ils ne sont soumis qu'à la taille fortifiante constituée par un judicieux élagage, ils deviennent d'une grosseur et d'une ampleur qui, extraordinaires, témoignent en même temps de la fertilité et de la profondeur du sol.

Aussi, pour le cas où ils ne devraient pas être abattus par la cognée, semblent-ils avoir encore plusieurs siècles à vivre.

Et cependant, voici tout à coup qu'ils périssent tous à la même heure, rongés intérieurement par les innombrables descendants d'un insecte qui s'est insinué sous leur écorce, et qui, protégé par un abri, s'est nourri de leur substance.

En conséquence, l'enseignement viticole doit s'attacher de plus en plus à faire la part des torts qui incombent aux animaux dans l'avénement plus ou moins malheureux de la croissance ou de la fructification de la vigne.

Voilà les causes animées, et maintenant voici les causes inanimées de maladie ou de souffrance du cep et, par suite, de son fruit.

Quand il était bouture simple ou quand il était bouture enracinée transplantée, il n'avait pas assez de vitalité, il avait été soumis à une stratification ou à une mise en jauge défectueuse, il avait été mutilé, il avait été mal mis en terre, ou l'arrosage ne lui venait pas en aide.

Il est issu d'un cépage auquel le climat ou l'exposition ne convient pas.

Croissant en un lieu trop élevé, il est violemment battu par des vents froids.

Il croît en un lieu encaissé ou concave où l'air lui manque.

Son sol est gazonné ou ombragé.

Son sol est brûlant.

Son sol est trop maigre.

Son sol est trop peu profond.

Son sol est trop humide.

Son sous-sol est insalubre.

Son sol ou son sous-sol est tenace.

Son sol est inconsistant, au lieu de léger ou de consistance moyenne.

Son sol ne reçoit point de façons ou n'en reçoit pas assez.

On le laisse sans appui.

En lui ôtant la partie moussue ou sèche de son écorce, le fer a entamé le bois.

En lui coupant des bras, la serpette a entamé la souche.

Il a subi une taille sèche trop hâtive.

Il a été soumis à la taille sèche restreinte, c'est-à-dire à trop peu d'yeux.

Il n'a pas été soumis à la taille en vert.

Il a été soumis à une taille en vert qui ne lui convenait pas.

Il est issu d'un cep qui était malade.

Provin, il a une mère malade.

Mère, il a trop de provins à nourrir.

Mère, il a des bras enfouis émettant des racines qui sont des causes de destruction des siennes.

On ne sèvre pas assez tôt ou l'on néglige de sevrer les sautelles qu'on en a obtenues.

Chaque année, on le laisse porter trop de fruit.

L'instrument aratoire a maltraité son système souterrain.

On l'a laissé trop longtemps déchaussé.

Il a des bras disposés de telle manière que la sève ne peut y circuler assez librement.

Il est affamé par ses voisins.

Il a eu à lutter contre une sécheresse prolongée.

Il a eu à lutter contre des pluies persistantes.

Il a eu à lutter contre des brouillards persistants.

Il a passé trop brusquement d'une température à une autre température.

Il a reçu un coup de soleil.

Un hiver rigoureux a gelé presque entièrement son bois.

Ses pousses ont été gelées.

La grêle a maltraité ses pousses et ses fruits.

Enfin son bois s'est imparfaitement aoûté.

Voici pour les maladies du cep.

Le ridement de la feuille a le plus souvent lieu sur le cep qui n'a pas été ébourgeonné ou dont les pousses n'ont pas été soit pincées, soit rognées.

La brûlure de la feuille provient soit d'un coup de soleil après la pluie, soit d'une sécheresse qui a causé une excessive évaporation des feuilles, soit du défaut de taille en vert, soit de ce que, trop maigre ou trop peu profond, le sol n'a pas été fumé en couverture.

Ce qui produit la brûlure de la feuille peut produire celle du raisin.

La brûlure du raisin peut être causée par une taille en vert qui a privé le cep de trop de feuilles.

La teinte rouge que prennent les feuilles constitue une maladie qui, suspendant la transpiration de la vigne, s'oppose à la maturation du raisin.

Elle se déclare là où, trop maigre ou trop peu profond, le sol n'a été fumé ni intérieurement ni en couverture.

L'érinée est une rouille qui forme, sur la surface inférieure du disque de la feuille, des taches blanchâtres ou roussâtres.

Elle est produite par l'invasion d'un champignon parasite.

Le soufre peut infiniment moins contre elle que contre l'oïdium, d'ailleurs beaucoup plus nuisible qu'elle à la vigne.

Accusée par le jaunissement des feuilles, la jaunisse est causée par la présence d'un champignon sur les raisins du cep.

Elle est produite soit par l'humidité, soit par un sol trop maigre et trop peu profond, et se déclare le plus souvent assez tard.

Quand, en juin, en juillet ou en août, on voit jaunir la feuille soit de la bouture simple plantée dans l'année, soit du plant enraciné transplanté dans l'année, soit de la sautelle formée dans l'année, on peut soupçonner un petit animal soit d'avoir enchambré, soit d'avoir mutilé le système souterrain du sujet.

En effet, le 5 juin 1868, ayant remarqué que les feuilles inférieures d'une sautelle avaient jauni, nous avons déchaussé la sautelle, et nous avons constaté qu'elle avait été sevrée en terre par un surmulot.

Or, cette sautelle s'étant bientôt remise de sa langueur, et ayant mené à bien son fruit, il se trouve que, si, à cet endroit, nous n'avions pas fait, le 10 juin 1868, un heureux essai, nous aurions appris d'un animal, au lieu de l'apprendre d'un livre ou d'un praticien, que, là où le sol ne laisse rien à désirer, la sautelle peut être impunément sevrée en juin.

L'avortement de la fleur peut provenir d'une taille trop hâtive, du défaut de pincement, de pluies froides, de brouillards persistants, et même de la mauvaise nature du sol.

La coulure du raisin a les mêmes causes que l'avortement de la fleur.

Certains cépages ne peuvent jamais y échapper, et certains cépages qui coulent ici ne coulent jamais ailleurs.

La maladie noire apparaît sur le bois de la vigne, sous forme de champignons noirs.

On dit atteint de brouissure le raisin qui ne peut complétement mûrir.

Or, les grains de la grappe sont incontestablement atteints de brouissure, quand, retenus longtemps dans le même état de dureté et d'exiguïté, ils passent promptement à un état de demi-grosseur et de demi-maturité qu'ils ne franchissent pas.

La chute prématurée des feuilles constitue une maladie qui provient de la suspension de la transpiration.

Les arrêts presque entiers de sève suspendent fâcheusement la végétation de la vigne et la maturation du raisin.

Ils sont produits par des accidents dans la température non-seulement de l'air, mais encore de la terre.

Le chaussage de trop longue durée peut être, pour le cep, une cause d'état morbide, surtout si on l'a pratiqué avec une terre tenace.

Nous avons dit plus haut ce que nous pensons du déchaussage de trop longue durée, dont le docteur Jules Guyot dit qu'il dérange la température et l'hygrométrie des chevelus du cep.

Là où le sol est trop maigre et trop peu profond, la vigne souffre beaucoup, pendant des chaleurs excessives et prolongées.

Or, la réfraction de la lumière, par suite de la chaleur, conserve sa fraîcheur à la vigne.

Cela étant, enduisons, dans nos contrées les plus chaudes, le cep d'un lait de chaux presque bouillant.

Là où le sol est humide de sa nature, le fruit de la vigne souffre beaucoup des pluies froides et prolongées.

L'oïdium est une des plus funestes maladies dont la vigne puisse être atteinte.

D'après le docteur Jules Guyot, à l'enseignement de qui nous avons emprunté en substance le meilleur de ce qui suit, les conditions d'éclosion de l'oïdium se produisent dès avril, dans le midi, en juin ou en juillet, dans le centre, et dès août, dans le nord de la France.

C'est dans nos contrées méridionales qu'il sévit avec le plus d'intensité.

C'est sur tout sol et par tout temps que le champignon parasite qui le constitue envahit la vigne.

Il envahit moins souvent la vigne basse, que la vigne de hauteur moyenne, que les hautains et surtout que la vigne en kammerbau.

Il envahit moins souvent la vigne basse en ligne que la vigne basse en foule.

Il envahit moins souvent la vigne de franc-pied que la vigne provignée, et la raison en est que la seconde est beaucoup plus faible que la première.

Il envahit moins souvent la vigne échalassée que la vigne sans échalas, et surtout que la vigne dont on laisse les pampres traîner sur le sol.

Il envahit moins souvent la vigne en plein champ que la vigne en treille haute.

Il y a des cépages qui y sont plus sujets que d'autres,

Contre l'oïdium, rien ne vaut le soufre en poudre fine.

Après le soufre en poudre fine, vient le foie de soufre, combinaison du soufre avec une substance alcaline.

Au besoin, opposons jusqu'à trois fois le soufrage à l'oïdium.

Ne soufrons ni par le vent, ni par la pluie, ni par une rosée abondante.

Dès lors, soufrons par un temps qui, calme, beau et chaud, promette de durer au moins trois jours.

La raison en est que le vent, la pluie et la rosée entraînent le soufre avant le moment où son effet doit se produire avec une énergie suffisante.

Si l'oïdium a apparu avec une certaine intensité, ne soufrons qu'après avoir ôté au cep le disque de ses feuilles les plus oïdiées.

Ne soufrons pas par une température de moins de dix-huit degrés centigrades au-dessus de zéro.

La raison en est qu'un soufrage ayant lieu par une température moins et surtout beaucoup moins élevée risque de ne pas réussir.

En effet, le soufre passe pour agir principalement, sinon uniquement, par son odeur que développe singulièrement une grande chaleur.

S'il en est réellement ainsi, on peut, n'ayant pas assez de soufre à sa disposition, ne soufrer, croyons-nous, que la moitié inférieure de la tête du cep.

Le soufrage, a dit un grand maître, détruit, mais ne prévient pas l'oïdium.

Eh bien, répondrons-nous, l'oïdium, avant d'être visible à l'œil nu, pouvant être visible pour l'œil armé d'une loupe, nous le croyons, quant à nous, plus facile à détruire à ce dernier état qu'au premier, et, dès lors, il peut arriver à un soufrage qui semble être préventif de ne l'être qu'en apparence.

Nous dirons plus.

De 1864 à 1870 inclus, nous n'avons jamais vu l'oïdium venir après deux soufrages préventifs, et cela étant, nous ne dirons deux soufrages préventifs de nul effet, que quand nous les aurons vus ne pas réussir.

Abstenons-nous de soufrer à l'approche de la maturité du raisin.

La raison en est que soufrer à cette époque serait rendre le fruit immangeable.

Des raisins très sujets à être oïdiés sont ceux qui ont été produits par des entrefeuilles, et ce qui le prouve, c'est que souvent les grappes de la pousse qui les a émis ne portent aucune trace d'oïdium.

Le soufrage ne détruisant radicalement que l'oïdium qui commence seulement à être visible à l'œil nu, il faut soufrer dès qu'il apparaît.

Le soufrage peut hâter de cinq à dix jours la maturation du raisin.

Seringuer le feuillage et le fruit de la vigne avec une eau aiguisée par du sulfate de fer, non seulement est ranimer son feuillage, mais encore est rendre plus efficace le soufrage qui aura lieu deux ou trois jours plus tard.

Le froid des nuits peut détruire ou rendre moins intense l'oïdium.

On emploie avec succès contre l'oïdum, la greffe à l'aide d'un greffon emprunté à un cépage non sujet à l'oïdium.

On dit généralement de la cendre de bois qu'elle est un puissant spécifique contre l'oïdum, à cause de son contenu en potasse.

Eh bien ! nous avons vu des treilles plantées dans de la cendre de bois s'oïdier.

Beaucoup prétendent que la vigne issue de pepin n'est pas sujette à l'oïdium.

Ils se trompent, car nous avons constaté le contraire.

De fin d'avril au commencement de juin, une gelée blanche détruit assez souvent les pousses de la vigne.

Or, une vigne ainsi maltraitée, est une vigne malade, et, dès lors, il importe, croyons-nous, de compléter ici les données climatériques et atmosphériques qui forment un des chapitres de ce travail.

Pendant une nuit froide et sereine, les corps qui se trouvent à la surface du sol perdent plus de calorique qu'ils n'en reçoivent du ciel.

C'est alors que la vapeur d'eau contenue dans l'air se condense, surtout à la surface de la partie herbacée des plantes, pour produire, en hiver la gelée blanche, et en été la rosée.

C'est perpendiculairement que la vapeur d'eau descend de l'atmosphère et, par suite, n'abriter la plante que latéralement n'est pas empêcher la vapeur d'eau de la mouiller et de s'y transformer en givre.

Comme on le voit, les corps froids attirent la vapeur.

Comme on le voit aussi, c'est la disparition des nuages et non l'apparition de la lune qui doit être rendue responsable de ses méfaits.

Naturellement, la gelée blanche sévit beaucoup plus dans les lieux à sol humide que dans les lieux à sol sec.

C'est surtout à partir de trois heures du matin que la gelée blanche commence son œuvre de destruction.

Vers ce moment, comme nous l'avons dit dans un autre chapitre, on la combat avec succès par l'enfumage.

Par malheur, enfumer étant chose plus facile à recommander qu'à faire, on peut rarement empêcher la gelée blanche de priver la vigne en plein champ de la chaleur qui lui est indispensable, même en hiver.

Quand nous pouvons enfumer, soyons sans inquiétude pour notre culture, si, à partir de deux heures du matin, nous enfumons l'air, au moyen de menu bois, de paille ou de naphtaline.

Pour enfumer, plaçons notre vigne sous le vent.

Si, bien que froide et très-sereine, l'atmosphère est agitée par le vent, qui a la propriété d'empêcher le cep de trop perdre de sa chaleur, dispensons-nous de la troubler par l'enfumage.

Quant à la gelée intense, elle est un froid qui pénètre aisément le bois, et qui convertit en glace l'eau qu'il contient.

Dilatant la sève, elle fait éclater le bois.

LES ANIMAUX A DÉTRUIRE, A ÉLOIGNER OU A PROTÉGER, DANS L'INTÉRÊT DE LA VIGNE.

LES ANIMAUX A DÉTRUIRE.

Carnassiers. — L'ours, le renard et le blaireau sont de dangereux visiteurs de la vigne à raisins mûrs.

Le loup brise les échalas de la vigne qu'il traverse en courant.

Pachydermes. — Ne se bornant pas, dans son labour, à blesser les racines de la vigne, le sanglier casse les échalas, renverse les ceps, et se nourrit de leurs pousses.

Rongeurs. — Le lapin de garenne, non-seulement mange les pousses qui sont à sa portée, mais encore, en se creusant un terrier, enchambre les racines et leur fait ainsi grand tort.

Le lièvre broute les pousses qui sont à sa portée.

Le surmulot est un aussi gros mangeur de raisin mûr que de substances animales et que de petits animaux utiles, et enchambre les racines du cep.

Le loir est friand de raisin mûr.

Le lérot s'attaque avec avidité aux raisins les plus mûrs.

Presque toutes les espèces de rats font leurs galleries souterraines au grand détriment des racines de la vigne.

Ruminants. — Le chevreuil est un si bel ornement de nos forêts et un si doux animal que nous supplions le lecteur de l'immoler alors seulement que, comme mangeur de pousses et de feuilles, il est un trop grand coutumier du fait.

Il en est du majestueux animal appelé cerf, comme du chevreuil.

Mollusques. — La limace vient, de grand matin, surtout quand le temps est humide, salir et manger la partie herbacée et le fruit de la vigne.

Arachnides. — Certaines araignées enroulent autour d'elles les feuilles de la vigne, et font ainsi le plus grand tort aux yeux qu'elles nourrissent.

Certaines araignées asphyxient les feuilles de la vigne, en les tapissant de toiles superposées qui ne tardent pas à se trouver couvertes de poussière.

Dans un jardin d'Epinal, dirons-nous, en passant, nous avons remarqué que le vieux bois d'une treille avait sa moelle détruite depuis peu, et que, dans le vide résultant du fait, il y avait une multitude d'œufs de la grosseur d'un grain de millet; nous avons fait éclore ces œufs, et nous en avons obtenu des araignées qui peuvent être du nombre de celles qui nuisent aux feuilles de la vigne.

Coléoptères. — Attelabes, lisettes, urbus, bec-marés, coupe-bourgeons, diableaux, écrivains, bêches, rinchytes-bacchus, gribouris, eumolpes, etc., sont des insectes destructeurs qui appartiennent à la famille des charançons.

Faute de connaître leur nom, le vigneron leur donne nombre de noms au lieu de peu.

Ils coupent les pousses vers leur extrémité.

Ils coupent ou rongent les pétioles de la feuille.

Ils sont cigaretiers, en ce qu'ils roulent la feuille autour de leur corps.

Ils pondent leur œuf dans la pousse qu'ils ont trouée.

Ils rongent, quand ils sont larves, les racines du cep.

Enfin, soit à l'état de larves, soit à l'état parfait, ils se logent dans les fissures soit de l'échalas, soit du vieux bois du cep.

Le moyen le moins difficile de les détruire, eux, leurs larves et leurs œufs, est d'enduire d'un lait de chaux presque bouillant, non-seulement l'échalas qui a déjà servi, mais encore le vieux bois du cep.

L'altise bleue est dangereuse, à l'état parfait et à l'état de larve.

Elle s'attaque d'une manière parfois désolante aux feuilles qu'elle crible de trous, et, dès sa sortie de l'œuf qui l'a produite, pique les grains de la grappe.

Le hanneton abonde surtout dans les pays à sol léger, à cause de la facilité avec laquelle la femelle s'y enterre quand le moment de mourir vient pour elle.

Il transperce avec ses pinces, et, de la sorte, mutile la pousse dont il veut manger la feuille.

Appelée vers blanc ou mans, la larve du hanneton dévore soit les racines de la bouture non entièrement enterrée par la plantation, soit les racines et la pousse de la bouture entièrement enterrée par la plantation.

Que disons-nous? comme l'humidité, elle suscite le jaunissement de la feuille du jeune cep dont elle attaque les racines.

Parmi les genres voisins du hanneton est l'euchlore, qui fait parfois, lui et sa larve, de grands ravages dans les vignobles.

Orthoptères. — Les forficules ou perce-oreilles attaquent les raisins les plus mûrs.

Hyménoptères. — La guêpe est friande de raisins mûrs.

Si nous ne pouvons la détruire, garantissons les grappes par un filet dont la vue suffira pour l'effrayer, en ce qu'elle le prendra pour une toile d'araignée.

Manquant de filet, mettons les grappes dans un sac en treillis, et non dans un sac en papier, où, faute d'air, le raisin pourrirait,

8

ou ne pourrait prendre le velouté et la teinte dorée qui, en si grande partie, font le mérite du produit de la treille.

En éloignant la guêpe du raisin, au moyen d'un filet ou d'un sac, on en éloigne nombre d'espèces de mouches.

L'abeille est, à l'endroit du raisin, l'émule de la guêpe.

Hémiptères. — Un petit flocon de soie blanche accuse la présence sur le vieux bois de la vigne, de la cochenille de la vigne, petite bête plate qui se tient collée sur l'écorce, et qui affaiblit le cep en en suçant la sève.

Voyant sur la vigne une multitude de fourmis, soupçonnons ces fourmis d'y rechercher la cochenille, dont elles pompent la substance avec d'autant plus d'activité qu'elle est très-sucrée.

Nous avons vu des pucerons semblables à ceux qui venaient de tuer un chèvre-feuille, fourmiller sur les feuilles de la vigne.

Donc tout puceron est un ennemi de la vigne.

Depuis plusieurs années, dans un certain nombre de nos contrées méridionales, on voit la vigne tomber en langueur et bientôt périr, quels que soient son âge et sa vigueur, et quelle que soit la nature du sol.

Quand on l'arrache, on trouve sa partie souterraine couverte d'une multitude de pucerons de l'espèce appelée phylloxera vastatrix, ou puceron des racines.

L'invasion de ces insectes est accusée, de fin juin au commencement de juillet, par la teinte jaune que prennent les feuilles.

Ils désorganisent, dit M. Chatelain, à ce point les racines, par leurs piqûres, qu'après peu de jours, elles n'ont plus de chevelu, que l'écorce se détache au moindre contact de la main, et que le corps de la racine perd toute vitalité.

C'est, disent les uns, le puceron qui a produit la maladie.

C'est, disent les autres, la maladie qui a attiré le puceron.

En tout état de cause, il faut, tout en tâchant de savoir où est, en la matière, la vérité, courir au plus pressé.

Or, le plus pressé est de trouver contre l'insecte un moyen de destruction aussi puissant que l'est, contre la pyrale, le chaulage du cep et de l'échalas.

On a déjà parlé d'arroser les racines mises ou non à découvert avec une eau aiguisée par des substances non meurtrières pour le cep.

Par malheur, lors même que, trouvées, ces substances pénétreraient partout où pénètre l'eau, et lors même que l'eau versée humecterait toutes les parties du système radiculaire, on n'aurait pas fait assez pour la suppression du mal.

En effet, le moyen découvert exigerait de la grande culture, trop de peine et de dépense.

Aujourd'hui, beaucoup prétendent que la terrible maladie de la vigne appelée cottis est causée par le puceron dont il vient d'être question.

Lépidoptères. — De tout œuf pondu par le papillon sur la vigne sort une chenille.

Or, avant de se métamorphoser, la chenille mutile la feuille, en la roulant autour de son corps, ou la détruit, en ne lui laissant guère que ses nervures.

Que disons-nous ? elle dévore jusqu'aux pousses du cep.

L'énorme chenille du sphinx de la vigne naît à quelques centimètres sous terre, et se construit, à la surface du sol, une coque informe avec de la mousse et des feuilles.

Elle est rare, et, dès lors, nuit peu à la vigne.

De l'œuf du sphinx elpenor déposé dans le grain encore petit de la grappe, sort le ver de la vigne.

Tout d'abord le ver se nourrit de la chair du grain, dès lors condamné à ne pas mûrir, puis, plus tard, il se file, pour aller attaquer des grains mûrs, de petits conduits semblables à des tubes.

Le bombyx moucheté produit une chenille très-nuisible à la vigne.

La chenille de la noctuelle pronula aime à vivre aux dépens de la vigne.

La pyrale est un petit papillon issu d'une chenille tordeuse.

Elle pond jusqu'à trente œufs de chacun desquels sort, sous forme de ver, une chenille.

Plus tard, cette chenille sort de sa retraite, pour aller attaquer les feuilles.

Des feuilles elle passe sur les raisins.

Enfin, quand elle en est là, elle jette des fils qui enchevêtrent les organes du cep.

Par bonheur, on détruit aujourd'hui, sans trop de difficulté et de dépense, les œufs et la larve de ce dangereux insecte, en versant de l'eau presque bouillante sur chaque souche, ou plutôt en enduisant, après l'hiver, le vieux bois du cep et l'échalas d'un lait de chaux presque bouillant.

La chenille vulgairement appelée ver gris des jardiniers, ne se borne pas à exercer ses ravages dans les jardins.

En effet, comme le ver blanc, elle ronge la pousse qui vient d'être émise par la bouture que le planteur a entièrement enterrée.

La chenille de l'agrostis aquiline est une grosse mangeuse de feuilles et de pousses, et fait parfois de grands ravages dans la vigne.

La chenille de la teigne de la vigne, autrement dite cochylis, couvre de fils, et attaque, sous forme de petit ver rouge, la fleur, le grain et le pédoncule de la grappe.

Là où elle abonde, elle ne peut guère être détruite qu'avec de l'eau de savon lancée par une pompe.

Nous n'en finirions pas, si nous voulions signaler toutes les chenilles qui, particulières à la vigne et à certains autres végétaux, viennent la ravager.

Il va sans dire que, pour détruire un animal nuisible à la vigne, on n'infligera à celui-ci aucune souffrance inutile, et, en d'autres termes, qu'on le tuera le plus vite possible.

LES ANIMAUX A ÉLOIGNER DE LA VIGNE.

Pachydermes. — Le porc ne se borne pas à labourer la vigne d'une manière désastreuse pour les racines, car, comme le sanglier, il brise les échalas, renverse les ceps, et fait une effrayante consommation de pousses et de raisins.

Rongeurs. — Le lapin domestique broute les pousses et les feuilles qui sont à sa portée, et, en se creusant des terriers, enchambre les racines de la vigne.

Solipèdes. — L'espèce chevaline brise les échalas, renverse les ceps, et mange les pousses et les feuilles de la vigne.

Il en est des espèces asine et mulassière comme de l'espèce chevaline.

Le mouton broute les pousses et les feuilles qui sont à sa portée.

La chèvre non-seulement s'attaque à la partie herbacée de la vigne, mais encore brise les échalas contre lesquels elle se dresse.

Carnassiers. — Le chien, en poursuivant le gibier ou la volaille dans la vigne, lui nuit beaucoup.

Là où il veut déposer ses excréments, le chat domestique déchausse les boutures, rompt les pousses naissantes, et détruit non-seulement les petits, mais encore les œufs des oiseaux protecteurs de la vigne.

Passereaux. — Les passereaux convaincus de se payer largement des services rendus à la vigne par leur espèce sont le merle et la grive.

Cependant il ne convient de tenir à distance ces utiles et aimables auxiliaires qu'à partir du moment où le raisin est sur le point d'être mûr, car ils ne l'aiment pas vert.

Gallinacés. — La poule non-seulement gratte le sol autour de la bouture, mais encore est friande de pousses naissantes et de raisins mûrs.

Le dindon est un gros mangeur de pousses naissantes et de feuilles.

Il en est de la pintade comme de la poule.

Hyménoptères. — Pour empêcher l'abeille de se payer en raisin mûr du bien qu'elle nous fait, en nous donnant du miel, en faisant de la cire, en fécondant la fleur de la vigne, et en suscitant, par l'hybridation, des cépages nouveaux, tenons le rucher à une certaine distance du vignoble.

Si nous ne pouvons éloigner le rucher de la treille, garantissons, au moyen d'un filet ou d'un sac en treillis, nos plus belles grappes contre ses attaques.

LES ANIMAUX A PROTÉGER.

Cheiroptères. — Respect à l'animal si laid qui, le soir, c'est-à-dire, pendant que la plupart des oiseaux protecteurs de la vigne, ont le bec sous l'aile, passe devant nous, sous le nom de chauve-souris.

La raison en est qu'il est un insatiable mangeur de papillons de nuit, de hannetons et d'insectes, aussi ardents destructeurs que les hannetons, des pousses et des feuilles de la vigne.

Or, détruire un papillon, un hanneton ou tout autre insecte nuisible du genre féminin est prévenir l'éclosion d'une multitude de petits êtres de l'espèce.

Insectivores. — Le hérisson ne se contente pas d'être un infatigable destructeur de limaces, d'escargots et de chenilles.

En effet, venu de la forêt, près du produit de nos épierrements, il livre souvent bataille à la vipère, qui périt presque toujours sous sa dent.

Dans ses travaux de drainage et d'ameublissement du sol, la taupe enchambre quelquefois les racines de la vigne, mais sur une longueur très-faible, et sans jamais les ronger ou les couper.

Au reste, elle vit de vermine et fait une guerre acharnée aux rongeurs de pousses souterraines, appelés ver blanc, ver gris des jardiniers et courtilières.

L'ignorance et la superstition sont sans pitié pour la musaraigne.

Eh bien cette pauvre petite bête n'est pas méchante à l'égard de l'homme, n'est pas venimeuse, et débarrasse la vigne d'une multitude de petits ennemis, et particulièrement de toute espèce de charançon.

Rapaces. — La chouette et le hibou, que l'ignorance et la superstition se font un cruel plaisir de crucifier, ne crient, en quittant la forêt, que pour avertir leurs bourreaux du carnage de hannetons, de courtilières, de lérots, de rats et de souris qu'ils vont faire dans la vigne.

Le scops fait en petit ce que la chouette et le hibou font en grand.

Passereaux. — L'engoulevent est un oiseau de nuit de la grosseur d'une petite grive.

Il chasse avec au moins autant d'activité que la chauve-souris aux insectes volants les plus nuisibles à la vigne.

Toutes les espèces de corbeaux et de corneilles arrachent, dans les champs, tout ce qui vient d'être repiqué, mais nous rendent, dans la vigne qui vient d'être binée, l'immense service de rechercher et de mettre à mort le ver blanc.

Parfois nuisible dans les champs, comme mangeur de graines semées, le pigeon domestique ou non et le ramier ne se nourrissent, dans la vigne, que de vermine et que de graines de plantes nuisibles.

Il en est de la tourterelle comme du pigeon et du ramier.

Le merle et la grive sont, jusqu'à ce que le raisin soit mûr, la providence de la vigne infestée par les limaces, les escargots et les charançons.

L'étourneau, dans les cas assez rares où il visite la vigne, y fait ce qu'y font le merle et la grive.

La gentille allouette ne se borne pas à annoncer au vigneron le lever du soleil, et à égayer, par son chant d'espérance, ses pénibles travaux.

En effet, elle voit, prend et gobe la petite vermine que nous chercherions en vain à découvrir et à saisir, pour en débarrasser la vigne.

Le moineau, dit-on, picore, à la barbe des mannequins, dans les céréales qui mûrissent, et parfois pique un des grains de la grappe du raisin, mais, sauvant de l'insecte infiniment plus de blé ou de fruit qu'il n'en mange, il rend à la vigne le service signalé de mettre à mort un nombre prodigieux de hannetons.

C'est par plusieurs centaines qu'il faut compter les insectes nuisibles gobés, chaque jour, par nombre de passereaux chanteurs qui, grands dans un corps exigu, sont appelés chardonnerets, linottes, pinsons, rossignols, fauvettes, rouges-gorges, tarins, roitelets, etc.

Gallinacés. — Dans la vigne où elle est entrée alors que les pousses et les grappes n'ont rien à craindre d'elle, la poule n'épargne ni insectes ni mollusques.

Il en est du dindon et de la pintade comme de la poule.

Nous aurons donné une idée du carnage de petites bêtes nuisibles fait dans la vigne par la perdrix, quand nous aurons dit qu'elle a été surnommée l'oiseau sacré du vigneron.

La caille ne mérite guère moins du vigneron que la perdrix.

Il en est du râle des genêts comme de la perdrix et de la caille.

Palmipèdes. — Lâché dans la vigne, le canard qui, malgré son air lourd, ne manque jamais son coup, la débarrasse prestement des limaces, des escargots, des hannetons, des courtilières, des vers blancs, des chenilles et des charançons qui l'infestent.

Quand les pousses du cep n'ont rien à craindre d'elle, l'oie est, dans la vigne, une émule du canard.

Sauriens. — On professe, pour le lézard, l'estime la plus haute, quand on l'a vu s'élancer du tas de pierre ou du trou de mur où il était en sentinelle, courir sus aux tout petits ennemis de la vigne, et surtout s'emparer de la courtilière et la rapporter dans sa retraite.

Ophidiens. — Inoffensive à l'égard de l'homme, la couleuvre à collier rachète largement le tort qu'elle a de détruire parfois les œufs des petits oiseaux, par la guerre qu'elle fait aux petits animaux et aux insectes nuisibles.

Petite bête inoffensive à l'égard de l'homme, et que nous écrasons cruellement, parce que nous lui supposons une morsure venimeuse, l'anguis-orvet détruit le charançon et même le ver blanc.

Batraciens. — Que fait donc la grenouille proprement dite qui vient d'entrer dans notre vigne ?

Elle s'y repait d'insectes, et sa voracité, connue de tous, donne à penser qu'il lui en faut beaucoup pour la rassasier.

A cause de sa laideur, et parce qu'il le croit venimeux, le vigneron tue le crapaud qu'il trouve dans sa vigne, et tire ainsi sur ses pigeons.

En effet, c'était chargée d'une mission providentielle que l'innocente victime était venue là, n'attendant que la nuit pour se mettre à détruire sans relâche le cloporte, la limace, le charançon, etc.

Arachnides. — Les araignées protectrices de la vigne sont celles qui, s'abstenant de rouler la feuille autour de leur corps, ou de la tapisser de leurs toiles, tendent un piége aux insectes destructeurs de la partie herbacée ou du fruit de la vigne.

Le théridion bienfaisant est une araignée qui passe pour préserver, par sa toile, le raisin contre la morsure de plusieurs insectes volants, et principalement de la guêpe et de l'abeille.

Coléoptères. — Les carabes, que chacun a pu voir à l'œuvre, sont d'ardents exterminateurs de petites bêtes nuisibles, et particulièrement de hannetons et de chenilles.

Le sylphe grimpe sur le cep, pour y détruire la chenille.

Le lampyre ou ver luisant vit en parasite dans la coquille de certaines hélices, et, là, se nourrit de leur substance.

Le drile fait comme le lampyre.

Nul insecte ne s'acharne autant que la cicindèle à la destruction de la limace et de l'escargot.

Tout le monde connaît, et tout le monde aime, à cause de sa beauté, la cocinelle ou bête du bon Dieu.

Elle détruit nombre d'insectes nuisibles parmi lesquels nous avons remarqué la cochenille de la vigne et le puceron.

Névroptères. — Toujours en embuscade dans son trou qu'il a creusé dans le sable, le fourmilion court sus à la vermine qui y tombe, et la détruit.

Hyménoptères — Nul insecte n'a plus de titres à notre protection que le bourdon, car ne s'attaquant pas, comme l'abeille, au raisin mûr, il n'est occupé qu'à féconder la fleur de la vigne, en y laissant une partie du pollen dont ses pattes sont chargées.

L'ichneumon chasse sans cesse aux chenilles, qu'il excelle à trouver sous la mousse ou dans les fissures du vieux bois du cep.

Tout bien considéré, les grandes espèces de fourmis sont plus utiles que nuisibles, et la raison en est qu'elles détruisent beaucoup de petits ennemis de la vigne.

Les petites espèces de fourmis aiment les fruits juteux, et font parfois grand tort aux grosses et vieilles souches dans les trous desquelles elles se logent.

Par contre, elles pompent la liqueur sucrée qui abonde chez les pucerons et les cochenilles, qu'elles doivent faire ainsi périr, et, au nombre de dix à vingt, attaquent les chenilles les plus grosses, et finissent par en avoir raison.

Hémiptères. — La pentatome bleue est une punaise protectrice de la vigne.

En effet, sur le cep, elle vit de proies, et, par sa mauvaise odeur, éloigne beaucoup de vermine.

Diptères. — Un des plus terribles ennemis des chenilles est l'asile-frelon, qui en détruit un nombre prodigieux.

L'échinomie est une mouche qui ne manque jamais de pondre ses œufs dans le corps des chenilles, et qui fait ainsi dévorer celles-ci par ses larves.

La tachine pond ses œufs soit dans le corps des grosses chenilles, soit dans les chrysalides, et, dès lors, comme protectrice de la vigne, vaut au moins l'échimonie.

Annélides. — Nous conjurons le vigneron de ne pas détruire, comme le fait le jardinier, les lombrics ou vers de terre.

La raison en est que, dans la vigne, ils sont utiles.

En effet, ils aèrent le sol, en le criblant de trous profonds, ils fertilisent et divisent la terre qu'ils mangent, ils font de l'humus, en attirant à eux la feuille, et leur dépouille, quand ils meurent, constitue un engrais animal.

LA MULTIPLICATION DE LA VIGNE PAR BOUTURAGE.

En matière de bouturage, presque point de savants, et beaucoup d'ignorants.

En effet, partant de cette absurde conviction que la vigne croît aussi aisément que le chiendent, on pense trop généralement qu'il n'y a qu'à mettre en terre, n'importe en quel sol, n'importe à quelle profondeur, et n'importe à quelle époque, n'importe quel bout de sarment, pour être sûr de le voir émettre une pousse et la mener à bien.

Profondément affligé de cet état de choses provenant de ce que l'année de plantation ayant été humide, ou de ce qu'ayant eu affaire à un sol fécond et naturellement frais, on a bouturé avec succès sur tout ou presque toute la ligne, nous avons voulu chercher, dans la mesure de nos moyens, à y mettre un terme.

A cet effet, pendant huit années consécutives, nous nous sommes livrés plus ou moins heureusement à des essais qui nous ont permis de constater que très-peu nombreux sont les bons modes de bouturage, et qu'il est des sols et des années où le meilleur mode de bouturage ne mène à rien de satisfaisant, sans l'aide de l'arrosage.

Or, c'est après avoir renfermé dans un travail spécial toutes les données capables de faire, en la matière, le plus possible de lumière, que nous allons indiquer la manière de pratiquer et la manière de remplacer, au besoin, les trois modes de bouturage qui assurent le mieux la reprise et l'avenir de la bouture.

LA BOUTURE TYPE.

Elle est de toutes les boutures celle qui offre le plus d'avantages et le moins d'inconvénients.

Elle fructifie dès sa troisième ou dès sa quatrième feuille.

Elle est taillée dans un sarment qui, très-vigoureux, a été débarrassé de toute sa longueur non parfaitement aoûtée.

Elle est plantée au moment du retour très-prononcé du mouvement de la sève.

Aussitôt après avoir été taillée et façonnée, elle est soit plantée, soit, en attendant la plantation, soumise à une stratification judicieuse, plutôt qu'à la mise en jauge, qui expose au dessèchement sa partie non couverte de terre.

Elle mesure de dix-huit à vingt-huit centimètres.

Elle est pourvue de quatre gros et bons yeux, plutôt que de trois seulement.

Elle a un onglet supérieur de deux centimètres.

Elle a un onglet inférieur d'un demi-centimètre.

Sur toute la moitié inférieure de sa longueur à enfouir, elle est débarrassée, par épluchement, de la partie sèche et filandreuse de son écorce, afin que la reprise soit plus facile.

Elle est plantée à demeure et à plat, dans l'intérêt de son avenir et d'une fructification plus prompte.

Elle est plantée verticalement.

Son œil supérieur est placé rez-sol.

On serre contre elle la terre de telle manière qu'aucune partie de sa longueur enfouie ne soit enchambrée.

On remplit de terre le trou fait, à cet effet, par le plantoir.

On tasse fortement la terre autour d'elle, pour que la chaleur ne la dessèche pas trop vite.

On couvre d'une jointée de terre sa partie hors sol.

En mai, la pousse qu'elle a émise perce le monticule formé par la jointée de terre.

On laisse croître à tous crins cette pousse, pour qu'elle devienne très-grosse.

Eu juin, la bouture a des rudiments de racines.

En novembre, elle se trouve être plus ou moins vigoureusement enracinée, et, si, l'année n'ayant pas été trop sèche, le sol est assez fertile et assez profond, quatre-vingt-dix-huit sujets sur cent peuvent avoir réussi, moitié très-bien et moitié passablement.

Nous exprimer ainsi équivaut à dire que, si l'année ayant été exceptionnellement sèche, on n'a pas arrosé tous les cinq ou six jours de grande chaleur, on peut perdre la moitié des boutures plantées dans un excellent sol, et presque toutes les boutures plantées dans un sol trop maigre et trop peu profond.

De là, sans doute, le motif pour lequel beaucoup mettent en terre, au lieu de boutures, des plants enracinés, plants qui cependant ne reprennent guère plus aisément que la bouture.

N'omettons pas de dire que, quand la bouture type mesure de vingt-neuf à trente-cinq centimètres, son œil supérieur doit être placé à une hauteur d'un à sept centimètres au-dessus du niveau du sol, et buté.

La raison en est que, s'il était placé rez-sol, la bouture se trouverait plantée à une profondeur qui, excessive, risquerait d'en retarder d'un an l'entrée en fructification.

N'omettons pas non plus de dire que, mesurant moins de dix-huit centimètres, la bouture type fournirait rarement une pousse aussi grosse que quand elle mesure de dix-huit à vingt-huit ou à trente-cinq centimètres.

LA BOUTURE CONNUE SOUS LE NOM DE CROSSETTE.

Elle fructifie dès sa troisième ou dès sa quatrième feuille.

Elle est de même longueur que la bouture type.

Elle a un onglet supérieur de deux centimètres.

Elle a, pour onglet inférieur, un peu du bois dur sans moelle par lequel commence tout sarment.

En sus des tout petits yeux situés vers sa base, elle a au moins trois gros et bons yeux.

Sur toute la moitié inférieure de sa longueur à enfouir, elle est débarrassée, par épluchement, de la partie sèche et filandreuse de son écorce.

Elle est plantée à demeure et à plat, et de la même manière que la bouture type.

N'omettons pas de dire que, quand la crossette mesure de vingt-neuf à trente-cinq centimètres, son œil supérieur doit être placé à une hauteur d'un à sept centimètres au-dessus du sol, et buté.

N'omettons pas non plus de dire que, mesurant moins de dix-huit centimètres, la crossette fournirait rarement une pousse aussi grosse que quand elle mesure de dix-huit à vingt-huit ou à trente-cinq centimètres.

De nombreux essais comparatifs faits, pendant huit années consécutives, avec le plus grand soin, nous ont mis à même de constater que la crossette, qu'il est, d'ailleurs, difficile de se procurer, ne doit pas être préférée à la bouture type de calibre à peu près égal au sien, bien formée et parfaitement aoûtée.

LA BOUTURE DE VIEUX ET DE JEUNE BOIS.

Quand on n'a pas assez de jeune bois pour former la bouture type ou la crossette, elle les remplace.

Elle fournit presque toujours une pousse primant, sous le rapport de la grosseur et de la vigueur, celle qu'on doit à la bouture type.

Elle fructifie d'ordinaire, dès sa troisième feuille, et parfois dès sa deuxième feuille.

Pourquoi donc ne la préfère-t-on pas à la bouture type ?

C'est parce que, à raison ou à tort, on lui attribue une vie beaucoup moins longue qu'à la bouture de jeune bois.

Nous disons à raison ou à tort, en ce que nul traité de viticulture ne parle d'essais faits à cet endroit.

Elle est de même longueur que la bouture type.

Son vieux bois est pourvu d'au moins deux nœuds.

Son jeune bois est pourvu d'au moins deux gros et bons yeux.

Elle a un onglet supérieur de deux centimètres.

Elle a un onglet inférieur d'un centimètre.

Sur tout son vieux bois elle est débarrassée de la partie sèche et filandreuse de l'écorce.

Elle est plantée à demeure et à plat, et de la même manière que la bouture type.

N'omettons pas de dire que quand la bouture de vieux et de jeune bois mesure de vingt-neuf à trente-cinq centimètres, son œil supérieur doit être placé à une hauteur d'un à sept centimètres au-dessus du sol et buté.

LA BOUTURE DE VIEUX BOIS.

C'est nous qui l'avons imaginée, pour le cas où l'on ne peut se procurer du jeune bois.

En ce que ses nœuds n'ont que des yeux apparents d'ordinaire sans vie, ou que des yeux latents, elle est de réussite moins facile que les boutures précédentes.

C'est à tort qu'on la croirait condamnée à constituer un cep stérile ou à peu près stérile, en ce que, trop généralement, selon nous, le sarment issu de vieux bois, passe pour fournir, quand il a été converti en bouture, le moins fertile des ceps.

En effet, depuis bien des années, nous la voyons, dès sa deuxième ou troisième feuille, fructifier, et dès sa quatrième ou sa cinquième feuille, fructifier abondamment.

Elle a de dix-huit à vingt-deux centimètres de longueur.

Son onglet supérieur mesure un centimètre.

Il est marqué d'un cran, pour prévenir la plantation à rebours, plantation qui équivaut à une mise à mort.

Son onglet inférieur mesure un centimètre.

Sur toute la moitié inférieure de sa longueur totale, elle est débarrassée de la partie sèche et filandreuse de son écorce.

En ce que l'onglet de son nœud supérieur se fendille, quand il est hors du sol, elle est enfoncée verticalement en terre jusqu'à ce que cet onglet soit à trois centimètres au-dessous du niveau du sol.

En ce que son onglet supérieur a été enfoui, et en ce que son nœud supérieur n'a que des yeux apparents tout petits ou que des yeux latents, la pousse émise par ce nœud ne sort de terre que de la mi-juin au commencement d'août.

Si cette pousse n'apparaît hors de terre que dans la seconde quinzaine d'août, il y a, pour elle, risque de périr en hiver, et chance d'être remplacée, en mai suivant, par une autre pousse.

Souffrant beaucoup, pendant une sécheresse excessive et prolongée, tant qu'elles n'ont pas émis une pousse, les boutures de vieux bois se tirent mieux d'affaire dans les contrées où il pleut assez souvent que dans celles où il ne pleut presque jamais.

Les boutures de vieux bois que nous avons vues le mieux réussir sont celles qui ont un diamètre moyen de quinze millimètres à trois centimètres.

Les boutures de vieux bois qui ont un diamètre moyen de quatre centimètres peuvent réussir, et quand elles ont réussi, constituent un cep qui devient singulièrement gros et vigoureux.

A côté de dix boutures types qui toutes réussiront, sept ou huit boutures de vieux bois sur dix réussiront, si l'année de plantation n'est pas trop sèche, ou si, cette année étant trop sèche, l'arrosage leur vient en aide, tous les cinq ou six jours de chaleur.

Comme on est parfois obligé de donner à la bouture de vieux bois une longueur de vingt-trois à trente centimètres, et comme la planter à une profondeur de plus de vingt-cinq centimètres peut l'empêcher d'entrer assez tôt en fructification, voici ce que, le cas échéant, il faut faire.

Quand la bouture mesure vingt-trois centimètres, son onglet supérieur doit être enfoncé en terre à une profondeur de deux centimètres au-dessous du niveau du sol.

Quand la bouture mesure vingt-quatre centimètres, son onglet supérieur doit être enfoncé en terre à une profondeur d'un centimètre au-dessous du niveau du sol.

Quand la bouture mesure de vingt-cinq à trente centimètres, le bois situé au-dessus de sa partie enterrée à une profondeur de vingt-cinq centimètres doit, pour que l'onglet supérieur ne se fendille pas, être entouré et couvert de terre.

N'omettons pas de dire que, mesurant moins de dix-huit centimètres, la bouture de vieux bois fournirait rarement une pousse aussi grosse que quand elle mesure de dix-huit à vingt-deux ou à trente centimètres.

N'omettons pas non plus de dire que quand elle ne réussit pas aussi bien que la bouture type de jeune bois, c'est pour avoir été plantée avec un nœud supérieur sans un seul œil apparent, œil apparent qui, même tout petit, fournit une grosse pousse, s'il n'est pas desséché.

LA SAUTELLE DESTINÉE A ÊTRE SEVRÉE.

Nous disons destinée à être sevrée, en ce que la destiner à ne pas être sevrée est faire du provignage permanent, et, en d'autres termes, du provignage non provisoire.

Or, le provignage permanent dont, il y a deux mille ans, l'agronomie latine signalait les graves inconvénients, est une si mauvaise chose que, pour contribuer, dans la mesure de nos moyens, à son extinction, nous nous sommes borné, dans ce travail, à le qualifier sévèrement.

La sautelle a, il est vrai, un système souterrain anormalement disposé, mais elle constitue immédiatement un cep fructifère, et, sevrée dès novembre de l'année de sa formation, elle ne fatigue pas trop longtemps sa mère, et constitue un vigoureux franc-pied qui continue de fructifier, ou qui ne reste pas plus d'un an sans fructifier à nouveau.

Voici comment on la forme.

A la partie la moins élevée d'un cep on emprunte, sans l'en séparer, un long et vigoureux sarment débarrassé de toute sa longueur non parfaitement aoûtée.

On creuse un sillon d'environ vingt centimètres de profondeur.

Au fond de ce sillon, on dispose horizontalement une longueur de sarment d'environ quarante centimètres, puis, après avoir coudé au bout de cette longueur, le sarment, on le relève le plus verticalement possible hors de terre.

Cela fait, on ne lui laisse hors du sol qu'un gros et bon œil.

La raison en est que, transplantée avec un seul cours de sève, elle reprendra plus aisément et plus vigoureusement.

La raison en est aussi que, destinée à rester à demeure, elle souffre moins du sevrage avec un seul cours de sève qu'avec plusieurs.

A partir de novembre, époque où on la sèvre, là où le sol n'est pas trop maigre et trop peu profond, la sautelle est assez vigoureusement enracinée pour ne pas trop souffrir d'avoir été séparée de sa nourrice.

Donc, elle tarde peu à se suffire à elle-même.

Or, quand elle en est là, sa souche peut devenir, en peu d'années, aussi grosse au moins que celle de sa mère, ce qui n'arriverait pas, si elle n'avait pas été sevrée, et, en d'autres termes, si elle était restée à l'état de bras.

En effet, nul bras, sur un cep, ne peut devenir aussi gros, et surtout beaucoup plus gros que la souche.

Puisse cette observation être un trait de lumière pour les horticulteurs et pour les vignerons qui, jusqu'aujourd'hui, se sont toujours refusés à sevrer la sautelle ou à la sevrer dès novembre de l'année de sa formation !

LA SAUTELLE EN VERT DESTINÉE A ÊTRE SEVRÉE.

On la forme de la mi-juin à la mi-juillet.

On la forme à l'aide d'une longue et vigoureuse pousse.

On s'abstient de rogner cette pousse.

La raison en est que, si sa partie supérieure s'élève à une très-faible hauteur au-dessus du niveau du sol, elle ne tardera pas à s'allonger et à grossir considérablement.

La raison en est aussi que rogner fait partir des yeux qui ne devaient partir que l'an suivant.

Au lieu de la sevrer dès novembre de l'année de sa formation, on ne la sèvre que dès la chute de sa deuxième feuille, quand le bois qu'elle a fait n'est pas aoûté sur une longueur d'au moins trente centimètres.

Dans le premier cas, elle risque de ne pas fructifier dans l'année qui suit le sevrage.

La raison en est que son système radiculaire est beaucoup moins vigoureux que celui de la sautelle constituée par un sarment.

LA TRANSPLANTATION.

La vigne transplantée est celle qui vit le moins longtemps.

La raison en est qu'une déplantation souvent violente et qu'un raccourcissement souvent excessif des racines affaiblissent singulièrement le système souterrain du cep.

Constituant jusqu'à un certain point le retour du sujet à l'état de bouture, surtout quand il y a eu raccourcissement excessif des racines, la transplantation du plan enraciné ne réussit guère mieux que la plantation de la bouture.

De plus, elle retarde, surtout si elle a été mal faite, d'un an, de deux ans et même de trois ans, la production du fruit.

Quant aux plants enracinés à transplanter que le viticulteur reçoit du pépiniériste, ils risquent de provenir de mauvais cépages, ou d'avoir perdu une grande partie de leur vitalité.

Donc le viticulteur judicieux doit préférer la plantation à demeure de la bouture à la transplantation du plant enraciné.

LA TRANSPLANTATION DU CEP ÉLEVÉ EN PÉPINIÈRE.

Le cep élevé en pépinière et déplanté, pour être transplanté, est sur le point d'émettre sa troisième ou sa quatrième, plutôt que sa deuxième feuille.

Il n'a point de bras.

Si, au mépris de la prescription de la règle, il a des bras, on doit les supprimer, et le réduire ainsi à un seul cours de sève.

La raison en est que le cep transplanté avec plus d'un cours de sève est celui qui reprend le plus difficilement, et qui tarde le plus à fructifier.

Voici comment on prépare le cep à être transplanté, et, comment, cela fait, on le transplante.

On lui laisse le plus possible de racines, longues d'au moins quinze centimètres, en ce que beaucoup de racines périssent, et en ce que plus longues sont les racines, plus facile est la reprise.

On fait un très-large trou d'environ vingt-cinq centimètres de profondeur.

On introduit verticalement le sujet dans ce trou.

On place les racines dans la position la plus naturelle, et, par suite, la plus favorable à la reprise.

On réduit la partie hors terre à une hauteur qui, d'environ dix centimètres, est pourvue de deux gros et bons yeux.

On comble le trou de plantation.

On tasse fortement, autour du sujet, la terre dont le trou a été rempli.

A l'effet de favoriser la reprise et de prévenir le dangereux effet des gelées de printemps, on couvre d'un monticule de terre la partie hors sol du sujet.

Quand les deux yeux ainsi abrités ont émis une pousse de quelques centimètres, on supprime la plus faible, pour mettre à même la pousse conservée d'acquérir beaucoup de grosseur.

En procédant ainsi, on double, si l'on ne les triple, les chances de reprise, et l'on est sûr d'obtenir du fruit, parfois immédiatement, et assez souvent dans l'année qui suit l'année de transplantation.

LA TRANSPLANTATION DU CEP DE PLUS OU DE BEAUCOUP PLUS DE TROIS ANS ACCOMPLIS.

On réduit le cep à un seul cours de sève, pour que son système radiculaire, cruellement mutilé tant par la déplantation que par la toilette infligée aux racines, puisse assez nourrir son système aérien, système dont, sans cela, les canaux séveux ne tarderaient pas à se rétrécir, et, par suite, à causer la mort de tout le bois hors terre.

On lui laisse le plus possible de racines, longues d'au moins vingt-cinq centimètres.

On creuse un sillon d'environ vingt centimètres de profondeur.

On couche le cep au fond de ce sillon, puis, après l'avoir coudé, on en relève le reste le plus verticalement possible, et de telle manière qu'il ait hors de terre deux gros et bons yeux.

On comble le sillon.

On tasse fortement la terre dont on vient de le remplir

On entoure et couvre de terre la partie hors sol du sujet.

Enfin, quand les deux yeux de la partie butée ont émis une pousse de quelques centimètres, on supprime la plus faible, afin d'obtenir une pousse unique très-grosse.

Si l'on procède ainsi, on pourra obtenir du fruit, sinon dans l'année même, au moins dans l'année qui suivra celle de la transplantation.

Si l'on transplante verticalement le cep réduit à un seul cours de sève mesurant hors de terre de cinquante centimètres à un mètre, le cep reprendra d'autant plus difficilement que sa hauteur hors terre sera de plus ou de beaucoup plus de cinquante centimètres, et dès lors ne fructifiera pas dans l'année qui suivra celle de la transplantation.

Si l'on transplante verticalement le cep avec deux ou trois cours de sève peu élevés au-dessus du niveau du sol, le même fait se produira.

Si l'on transplante verticalement le cep avec deux ou trois cours de séve très-élevés au-dessus du niveau du sol, le cep risquera de périr ou de ne presque rien faire de bon, pendant les deux années qui suivront celle de la transplantation.

Enfin, si l'on transplante verticalement le cep avec de nombreux cours de séve soit peu élevés, soit très-élevés au-dessus du niveau du sol, le cep périra, si l'année de transplantation est trop sèche, et, si l'année de transplantation n'est pas trop sèche, émettra par-ci par-là des pousses si grêles ou si rachitiques, qu'il ne fructifiera pas pendant les trois années qui suivront celle de la transplantation.

Au reste, pourquoi la bouture reprend-elle avec une certaine facilité, si ce n'est parce qu'elle consiste en un seul cours de séve, et parce que ce cours de sève est très-peu élevé au-dessus du niveau du sol ?

Nous ne terminerons pas ce travail sans déclarer que la moitié de ce qu'il renferme de meilleur est due à la collaboration sur le terrain de M. LERVAT, vice-président de la Société d'Horticulture des Vosges.

DEFRANOUX.

Niort. — Typographie de L. Favre.

www.ingramcontent.com/pod-product-compliance
Lightning Source LLC
Chambersburg PA
CBHW050619210326

41521CB00008B/1312